简单易懂的情绪管理课

终身成长研习社

著

贵州出版集团
贵州人民出版社

新流出品

目录

第一部分　内在的情绪管理

第一课　揭开负面情绪的神秘面纱　2

第二课　打破自我怀疑的魔咒　10

第三课　踏上战胜焦虑的旅程　17

第四课　最糟糕的愤怒方式是生闷气　24

第五课　接纳不完美是获得美好生活的真谛　32

第六课　让自信的力量引领人生　39

第七课　拖垮行动的元凶是选择困难　45

第八课　摆脱拖延症的陷阱　51

第九课　洞悉精神内耗的本质　59

第十课　突破自卑的障碍　68

第十一课　步入接纳自我的旅程　77

第十二课　应对孤独感的积极策略　84

第十三课　掌握舍与得中的精神哲学　92

第十四课　将现在的错误变成今后的动力　100

第十五课　敏感是一种独特的财富　107

第十六课　将嫉妒心转化为进取心　113

第二部分　外在的情绪管理

第一课　相信成功离自己很近　122

第二课　积极应对生活的变化　133

第三课　化解突发事件的伤害　141

第四课　在行动中收获积极情绪　150

第五课　放下对虚构问题的担忧　158

第六课　处理坏情绪的急救方法　167

第七课　打开格局，放眼看世界景象　174

第八课　明确工作与生活的边界　187

第九课　缓解社交压力中的情绪问题　196

第十课　摆脱情绪化处理问题的方式　210

第十一课　亲密关系中的情绪枷锁　223

第十二课　构建认知方式的地点是原生家庭　237

第一部分

内在的情绪管理

第一课　揭开负面情绪的神秘面纱

美国作家佐拉·尼尔·赫斯顿曾说过:"内心承受着难言之隐,比什么都痛苦。"

很长一段时间里,人们认为只有身体生病才需要医治,却忽略了情绪上的各种问题。当有人向外部求助时,人们不是对求救信息熟视无睹,就是认为当事人是小题大做。这导致大多数人在面对情绪问题时,都选择了刻意忽视或隐忍。

所谓积土成山,经年累月的负面情绪,稍有不慎就会转换为精神上的疾病。

情绪,是我们主观上的一种感受,它并非人类生来具备的,而是在漫长的进化过程中,逐渐构建起来的一种对外界事物的生理反应。所以,只要当事人刻意隐藏,外人就难以猜测他的情绪倾向。有的人可能对外展现的是幸福快乐,实际上内心已经是一座破败的城池。

2023年3月世界卫生组织官网发布的文章显示，世界上大约有2.8亿人患有抑郁症，其中女性患抑郁症的概率是男性的两倍，发展中国家是抑郁症的高发区。据世卫预测，到2030年，抑郁症将成为全球疾病负担排名第一的疾病。

然而，在如此庞大的生病群体中，甚至有很多当事人都不知道自己已经走进了抑郁症的深渊。这就表明我们对情绪的认知和管理远远不够，因此，了解情绪的本质非常重要。

正如演说家安东尼·罗宾所说的："成功的秘诀就在于懂得怎样控制痛苦与快乐这股力量，而不为这股力量所反制。如果你能做到这点，就能掌握住自己的人生，反之，你的人生就无法掌握。"

认识负面情绪

在了解负面情绪之前，我们先了解一下情绪是什么。

美国心理学家莉莎·费德曼·巴瑞特认为，情绪并不是天生的，而是人类大脑构建出来的一种体验。

这和我们生活的环境以及经验有关。2012年12月14日,美国发生了可怕的校园枪击事件,一名歹徒闯进了一所小学,打死了26人,其中有20人是儿童。这起悲剧事件发生以后,当地居民每每提起这件事情都感到悲痛万分,他们生活的环境中从未发生过这样骇人听闻的事情,人生经历中也没有任何经验告诉他们该如何面对这件事情。但对一些生活在战乱地区的人来说,他们随时随地都有可能失去生命,他们的悲伤底线会比普通人高很多。

因此,情绪并不具有普遍性,它会因为一个人所处的文化背景、生活环境不同而大相径庭。

一些不积极的,与人想要得到的正向反馈背道而驰的情绪,就是负面情绪。在心理学上,人们将焦虑、愤怒、悲伤等负性的情绪统称为负面情绪。因为这些情绪会让我们的身体产生不舒服的反应,严重的甚至还会影响我们的正常生活和工作。

大多数人都有过这样的情况,在生气的时候口不择言,冷静下来后又非常后悔。在家庭中,这样的情况会让亲人之间产生隔阂。在职场中,这会导致人际关系破裂,未来工作受阻。人一旦被负面情绪掌控,往往就会显示出"情绪化"的一面。比如人们可能不太喜欢与一个充满跳脱情绪的同事一起工作，那就像身边有一个定时炸弹，不知道自己哪一句话或哪个举动就会将其点燃。

其实，负面情绪的种类有很多，导致我们产生糟糕的生理反应和心理状况的罪魁祸首几乎都是负面情绪，我们在之后的课程中重点要说到的是以下几个：反反复复的自我怀疑、长时间的焦虑情绪、莫名的愤怒以及无法控制的拖延等。

负面情绪是身体疾病的源头

情绪的问题也会导致身体健康出现状况吗？

我们不妨来回忆一下，每当压力袭来的时候，你会有一种莫名的空虚感，那种被全世界抛弃的孤独，让你既焦虑又恐惧，不知道该怎么做。

早在1884年，心理学家威廉·詹姆斯就把情绪定义为：由身体内部的明显变化体现出来的精神状态。每一种情绪的变化都会让我们的肌肉、血管、内脏和内分泌发生变化，因此，长期的负面情绪将会成为健康杀手。

当你正在开心吃饭的时候，听到一个不好的消息，身体会瞬间变得沉重，饭也不香了，甚至感觉喉咙被堵住，胃里进不去东西。这就是情绪所带来的身体变化。当愤怒或者悲伤的情绪涌上来后，胃出口处的肌肉会变得紧绷，挤压感增加，就会有难以下咽的感觉，而且会引起痉挛，这也就是人生完气后会肚子疼的原因。不仅如此，愤怒的情绪，还是心脏病的元凶，这种情绪会让人血压升高，血管紧张，冠状动脉被挤压。

反之，我们的积极情绪对身体健康有很大的帮助，比如很多医学研究都能够表明，积极情绪能够有效抑制癌细胞的扩散。

中医常说，喜伤心、怒伤肝、忧伤肺、思伤脾、恐伤肾。老祖宗早就将情绪对身体健康的影响告诉我们了，现代心理学对情绪和身体之间的关系做了很多实验，也都证实了这个结论。曾有临床医生表示，疾病跟情绪相关的情况，占了极高比例。

有的人一直觉得身体不舒服，可去医院检查之后，没一点毛病，这个人也不是矫情，而是真的难受。之所以检查不出来，是因为这个病不单单是生理上的变化，更多的可能来自心理。

而我们的记忆和情绪，也都能够全部储存在身体里。这时身体就会把我们认为早已忘却的记忆和情绪存在最深的角落里，久而久之，我们的身体就成了一个巨大的"垃圾场"，一旦爆发，后果不堪设想。

负面情绪对我们身体健康的危害不容小觑，可这恰恰也是我们大多数人会忽略的一点。多小的负面情绪都不应该被忽略，积少成多的负面情绪，对身体的破坏力非常可怕。

学会与负面情绪共存

情绪是大脑活动的表现之一，也是人类区别于其他动物的重要标志。研究表明，正面情绪主要与多巴胺神经元兴奋性水平有关，而负面情绪则与杏仁核息息相关。每当外界环境里有对自己产生威胁的事物时，杏仁核就会被激活，并产生负面情绪，像恐惧和焦虑等。

面对负面情绪，一个人若是能够用丰富的词汇来表达自己的情绪，以及感知他人的情绪，在心理学上则称为他的"情绪粒度"很高，也就是他拥有很强的共情能力。这样的人有强劲的情绪控制能力，幸福生活的概率也很高。反之，"情绪粒度"较低，则更容易被负面情绪影响。

因此，提高"情绪粒度"，是与负面情绪共存的最佳方法。负面情绪只是情绪的一种，我们完全能够不受它影响。

提高"情绪粒度"的方法因人而异，心理学家表示，读书、唱歌、写作等是最好的方法，其共同点就是找一个情绪的理性释放口。之后我们将根据所对应的负面情绪一一进行解答。现在，我们已经知道了，有负面情绪是正常的，那么处理负面情绪的关键就在于如何看待它。

来访者张先生说：工作中领导经常当众批评他，他内心会很矛盾，一边气领导不宽容，自己平时那么努力工作，连点面子都不给他！但他又很生自己气，怎么能犯这么低级的错误呢？这些情绪反反复复在脑海里翻腾，甚至过去很久，只要涉及和这件事情相关的点，他都会异常敏感和烦躁。

这就是被负面情绪笼罩的生活，时刻处在糟糕与迷茫之中，长此以往心理上的痛苦就会转嫁到生理上，进而影响身体健康。

那时我又问张先生:"那你怎么去处理这种情绪呢?"张先生惊讶地说:"我就忍着啊!我还能怎么办?"

这也是促使负面情绪增加的错误方式,面对负面情绪,我们应该释放而非压抑它。

"你的理解力可能会陷入困惑,但你的情感永远不会欺骗你。"

负面情绪是主观且抽象的存在,因此,解决的方法并不像其他确切的疾病一样能够对症下药,但我们可以积极引导和最大限度地疏导。每当有负面情绪出现时,要先了解,你感觉到的威胁源头是什么?你的负面情绪又是哪一种?相对应地,你又有哪些解决的方法?

在后面的章节中,我们每讲到一种负面情绪,就会给大家提出切实可行的操作方法。第一课的内容是想让大家知道,不要惧怕自己的负面情绪,它只是你精神的一部分,在你的人生中,更多的情绪应该是快乐和幸福的。接下来我们将分析每一种负面情绪的底层逻辑,以及解决方法,使每个人都能成为自己的情绪管理大师。

第二课　打破自我怀疑的魔咒

正视自己的价值是一件重要的事情。

想了解自我价值，就要了解价值的问题。所谓价值，就是我们在进行社会活动，建立社会关系的过程中，能够满足我们的需要，并对自身有意义的客观属性。

价值由社会价值和人的自我价值两方面构成，这一课我们主要讨论的是后者。

当一个人的能力得到认可，并被他人或社会需要的时候，他的内心会产生一种满足感和成就感，这就是自我价值的实现。著名心理学家马斯洛在1943年提出了著名的需求层次理论。该理论提出，在人的一生当中，最先需要满足的是生理需求，之后是安全、社交需求等基本的需求。当这些都得到满足后，人们就会去追求一个更高层次的对自我价值的需求。

很多人在生活中，往往会因为无法实现自我价值而遇到很多问题：

"为什么我这么努力，还是无法得到别人的赞同？"

"为什么我什么都做不好，总是把事情搞砸？"

"为什么我这么平凡？一点价值都没有？"

构建自我价值的过程中往往伴随着自我怀疑，这是一个漫长的征程，但坚持下去，彼岸就是荣光。

找到自己想要实现的价值

想要实现自我价值，有一点非常重要，就是要明确区分世俗价值和自我价值。当一个人认为名牌包比自身能力更能武装自己的时候，就是将世俗价值放在了更重要的位置上，但赚更多的钱并不意味着自我价值的实现，这只是对物质的追求。

自我价值并非与生俱来，它是在后天的成长过程中，和你的人生经验相结合而产生的主观感受。而且，价值是多元的，没有高低之分和标准答案，每个人都有擅长和陌生的领域，实现自我价值，不是让你成为全能人才，而是要在自己力所能及的范围内，做到最好。

郭冷今年47岁,至今未婚,他曾是著名舞蹈家杨丽萍的爱徒,他的自我价值是在舞台上绽放自己。然而,因为一次意外,郭冷拉伤了韧带,便与舞台无缘了。后来他成为一名舞蹈教师,从台前舞者到幕后老师的转变,也让"帮助他人登上舞台"成了郭冷新的人生目标。

在不同人生阶段,我们也会拥有不同的自我价值。

"道理我都懂,可眼前的路实在太难走了,人到中年,还要遇到这么倒霉的事情!"来访者赵先生无奈说道。

赵先生的问题是共性的,他陷入了自我怀疑之中。

心理学上说自我怀疑是"主观的对自我看法的怀疑或不确定",赵先生的情况无疑是对自己的能力产生了认同障碍。

我们每个人天生就背着一块又大又沉的板子,这块板子代表了我们所要承担的责任,应尽的义务,它无法舍弃,也不能放下。可有的人,投机取巧,会将板子锯短,得意扬扬地看着负重前进的其他人,自己则"轻松"前行。

然而,道路的前方,总有许多又宽又深的沟壑,这时候,长长的板子就成了桥梁,被锯短的板子变得一无是处。

这告诉我们,背负着的板子,是让我们直不起腰的负重,也是帮助我们跨越困难的桥梁。不要觉得只有自己最倒霉,这是"旁观者差异"所导致的错误心理。

追求自我价值的路途必定是坎坷的,这条路与苦难有着同一张脸,但只要我们获得了自我价值,就能让它成为我们日后跨越困难的桥梁。

小事情成就大价值

李春燕是 2005 年感动中国人物获得者,她 2000 年从卫校毕业后,在贵州省大塘村当医生,这是一个"小病扛,大病顶,实在不行把巫师请"的贫穷落后的小村落。李春燕甚至没有机会穿上白大褂,她提着一个竹篮子,在田间地头穿梭行医,她是平凡的百姓,普通的赤脚医生,但她用自己的肩膀,扛起了十里八乡人民的健康。

李春燕的自我价值在平凡的岗位上实现,她没有做惊天动地的大事,只是拥有对职责的坚守,对生命的负责。从小事开始做起,这也是自我价值实现的方法。

福特汽车是享誉全世界的知名汽车品牌,它的创始人福特在参加面试时,发现同去的几位竞争者都比他更有优势,可他们都在一件小事上败给了福特。面试的办公室门口有一张废纸,除了福特,没有一个人看到。面试官认为,若是能看见小事,眼里一定容得下大事;可要是只能看到大事,却不一定看得见小事。

将小事做好,是实现自我价值的基础。洛克菲勒在给儿子的信中写道:"人一定要有远见,只有长时间地吃苦,才能长时间地收获。"

日本著名企业家稻盛和夫早年在企业工作的时候,公司已经濒临破产,他成了那一批大学生里最后一个坚守在岗位上的人。他不断钻研技术,努力开发,最终让企业重新焕发了生机,为他后来创立京瓷打下了基础,他也在工作中实现了自己的人生价值。说起来,稻盛和夫所做的,就是将每一件力所能及的小事做好。

像爱因斯坦所说：一个人的价值，应当看他贡献什么，而不应当看他取得什么。

每个人都是独一无二的自己

知道了自我价值的实现要从小事做起，我们再来说说自我价值的心理层面，那就是要相信自己是独特的那一个，每个人的存在一定有自己的价值。俄罗斯作家索尔仁尼琴说：每个人都是宇宙的中心！

可现实是，人们会在遇到挫折或问题时无法控制地讨厌自己，有因为肥胖不喜欢自己的女生，也有因为和朋友闹矛盾而讨厌自己的人，一旦事情发生，这类人第一个埋怨的就是自己。

他们的自我价值感极低，实现自我价值的途径也是来自他人的认可，而非自己的感受，这样的人在心理学上是"讨好型人格"。做任何事情，他们都会去想别人的反应，迎合他人的期许，价值感不是这件事情带给自己的，而是他人反馈而来的。

心理学家苏珊·纽曼表示："讨好者活在别人对

他们的期待中，不停地追逐着别人对他们的认可，为此他们愿意去做任何事。"

心理学上说，当一个人做事是从自己的感觉出发时，那么他就会有一个清晰的自我存在；但如果一个人做什么都是从别人的感觉和想法出发，那么他的自我就是虚假的，这个虚假的自我会让这个人异常痛苦。

所以，在生活中，如果你也是讨好型人格，就要警惕起来。首先，你要做的就是学着拒绝别人，不要强迫自己；其次，通过学习，提升自我能力，不要在乎他人的评价；最后，就是敢于表达真实情感。

每个人都是独一无二的自己，不要拿自己的价值和他人攀比，也不要因为自我价值和现实的落差而自暴自弃。

行动起来，相信自己能够创造属于你自己的自我价值。它不用多伟大，也不用多震撼，我们的人生，是由几千几万个选择组成的，当人生走到尽头，你回首而望时，发现最对不起的人竟然是自己，这才是最遗憾的事情。

第三课　踏上战胜焦虑的旅程

作家张德芬说:"如果我们习惯于注意自己身体的感觉,时时安抚照顾它的话,很多疾病就不会因为日积月累而产生。"

这个就是前面说到的"负面情绪是身体疾病的源头"。而焦虑就是现代社会中最常见的负面情绪。无论是在工作中,还是生活里,各种大事小情都会成为我们焦虑的源头。

长时间持续的焦虑,会给我们带来强烈的内耗感、无力感,似乎每天一睁眼面对的就是深不见底的黑暗。

焦虑问题的科学解释

焦虑对我们的身体有很大影响,其中最常见的就是导致激素水平紊乱。

在大脑中，有一个叫作杏仁核的部位，它就是我们身体对焦虑和恐惧等负面情绪的报警系统。当我们本能地感受到危险时，杏仁核内的警报就会响起，与此同时，肾上腺也被激活。这就是为什么当我们感觉到不快和不舒服的时候，呼吸会加快。

当杏仁核被激活后，我们的大脑会分泌出皮质醇来应对各种情绪。皮质醇就是天然的"兴奋剂"，短时间内，皮质醇能够增加多巴胺的功效，让大脑保持活跃状态。

不过，物极必反，若是皮质醇在线时间过长，导致大脑过度活跃，必然会对我们的身体产生负面影响，最明显的身体反应就是肥胖。因为长时间的焦虑让皮质醇不间断地工作，为了和焦虑对抗，皮质醇需要储存能量，它将蛋白质转化为糖原供自己使用，还会让身体也储存脂肪，以对抗焦虑。这就是为什么越焦虑越胖。所以，有时候减肥减不下去不一定是方法的原因，还有可能是情绪的问题。

你总是想太多了

焦虑在我们的生活中如影随形,很多人会问,究竟为什么会有焦虑这种情绪出现呢?

答案就一个——想太多。

我们感到焦虑,往往是对还没有发生的事情感到担忧。例如,我们会想,自己现在工资这么低,什么时候买得起房和车?我下个月才发工资,这个月的贷款怎么办?马上毕业了,我是考研还是上班?

焦虑,也就是担心未来会有不好的事情发生。

当我们焦虑的时候,大脑会收到一个厄运会降临的暗示,于是内心开始恐慌,整个人被无助感笼罩。

不断思来想去,只会让自己更加焦虑,还浪费了大量的时间和机会,因为焦虑而无法行动。

不仅如此,当焦虑感袭来的时候,大脑会不自觉地关注一些不好的想法,还会在脑海中模拟这些糟糕的场景,随即,你会觉得眼前的事物无关紧要,反正无论你怎么努力结果都不尽如人意。

如此一来,焦虑带来的不仅是精神上的折磨,还会实实在在让人失去现实里的机会。想太多,必然会让人成为行动上的矮子,而不行动就无法摆脱困境,永远在焦虑里迷失自我。

焦虑的本质是逃避

实际上,"想太多"恰恰也是逃避失败的一种表现。在困难面前,人的本能是逃避,而焦虑,则让我们对没有发生的事情都退避三舍。

之所以会有这样的畏难情况,是因为失控感:

对即将到来的考试焦虑,是想要逃避考试失败这个结果;

对新提交上去的方案焦虑,是想要逃避方案被砍掉这个结果……

试想一下,当失控感产生的时候,你是否不自觉地想到糟糕的现状和不确定的未来,突然有一种自暴自弃的感觉,又矛盾地想着,"摆烂"过今天,明天再努力吧。于是,你想要逃避,开始玩游戏、看剧缓解焦虑的心情,可缓解之后,状况不仅没有改变,还因为你的拖延,使事情变得更加严重,于是,新一轮的焦虑和逃避再次开始。

我们每个人心中都有一个想象中的自己,他是优秀的、成功的。想象中的自己越清晰、越真实，现实里的自己就越不堪、越失败。对比之下，想要逃避现实的心情更加迫切，焦虑也越发频繁，自我否定的情绪日渐上升。

所以说，焦虑的本质其实就是逃避。

拒绝焦虑，用行动粉碎失控感

想要缓解焦虑情绪，就要增强对还没有发生的事情的掌控感。简而言之，就是要用行动一点点粉碎失控感。

第一步：改变心理模式。

当轻度焦虑感袭来的时候，我们可以试着放松心情，等待五六分钟，让焦虑感过去，再继续正在做的事情。

但若是存在严重的焦虑感，影响到了身体状态，那就要立刻停下手中的事情，让自己从焦虑的情绪中抽离出去，比如打开窗户吹吹冷风，或者吃一大口柠檬，浓重的味觉体验会让焦虑被打断，之后再去做一些放松的事情，等到焦虑感减少，可以再继续之前的事情。

最简单也最有效的放松方法就是呼吸，闭上双眼，把全部注意力集中在一呼一吸上，感受自己的每一次呼吸，慢慢地，精神就会平静下来。最重要的还有一点，就是要告诉自己：没有那么糟糕。

焦虑是因为对未来结果的恐惧，每次有这种感觉的时候，都要给自己一个正向反馈，在心里默念：一切都会好起来，会有解决的方法，没有那么糟糕。

除此之外，我们也不用抗拒焦虑感，如第一课所说，与负面情绪共存，我们能做的，就是改变思维模式，当焦虑袭来时，做到快速应对。

《牧羊少年奇幻之旅》里写道：焦虑与人类同时诞生。而且由于我们永远无法掌握它，我们将不得不学会与它一起生活，就像我们认识了暴风雨一样。

第二步：付诸行动。

如果你感到无从下手，那就坐下来，把你现在必须做的事情和能做的事情都写在一张纸上，然后一条条去执行。同时，把导致你焦虑的事情，在未来可能会出现的所有最差的结果都列一个清单。写完之后，你会发现，最坏的结果也不过如此，焦虑感就会减少。

除了清单法，还有区域法。拿一张纸，分成三个区域，第一个区域是，我可以控制的；第二个区域是，我可以影响的；第三个区域是，我不能控制的。然后将你虚无缥缈的焦虑，变成实实在在的文字，填在相应的区域内。当焦虑不再像幽灵一样存在于无形之中，那些看似不可控的事情也就没那么可怕了。

其实，人生的主动权永远都在我们自己手中，不管现在你正在经历怎样的低谷，都要相信自己，总有办法走出来。

人生的每个阶段都会有糟糕的事情发生，只有战胜内心的情绪，才会有喧闹、欢颜和甘甜，生活，正是如此。

第四课　最糟糕的愤怒方式是生闷气

美国生理学家爱尔马研究发现,生气十分钟消耗的体力相当于三千米赛跑的消耗。

我们在生气的时候,生理反应非常强烈。其实,遇见令人愤怒的事情,生气是正常的生理反应,这是我们表达情绪的一种方式,虽说怒伤肝,但适当地宣泄负面情绪,能够将心中郁结排出,不至于在心中憋闷。很多时候我们把负面情绪倾泻之后,反而觉得身心都轻松许多。

然而,有的人则不愿将情绪外露。

有个网友分享,他在职场中是个十足的老好人,同事眼中的有求必应,领导眼里的保底备选,甚至有时候面对一些不合理的请求,他也硬着头皮答应。网友说自己心里很不愿意,可担心一旦拒绝,自己的职场生活就会很不好过,就算有委屈和难过,他也通通藏在心里,慢慢消化。

这种"打了牙往肚里咽"的情况,也就是"生闷气"。很多人不知道,这种不声不响的闷气,对身体健康的损害更大。英国精神病学家格里尔领导了一个研究小组,对癌症患者的性格进行了研究。他们通过对比乳腺癌患者和普通女性,发现乳腺癌患者的"抑制愤怒"频率很高,也就是说她们不喜欢表达愤怒,更多的是生闷气。

为什么我们爱生闷气

影评人、普利策奖获得者罗杰·埃伯特说:你的理解力可能会陷入困惑,但你的情感永远不会欺骗你。

自我们祖先进化时期,愤怒就已经产生,它和"害怕"一样,为人类进化提供了一大优势,让人能够在不公正的情况下保持警惕,并激励人去对抗这种不公正的情况。在残酷的现实环境里,人类大脑产生了一种"逃跑或战斗反应"系统——交感神经系统。

经常生气或暴躁的人,交感神经里的"战斗系统"很活跃,这样的人一点火就着,随时随地都能和别人掐一架。而生闷气,则是因为"逃跑系统"让他们不愿起争执,于是选择了自我消化。

这类性格的人,通常比较内向、敏感,整个外部环境给他的压力也很大,例如《红楼梦》里的林黛玉。

林黛玉是个心思细腻、多愁善感的女子,她会因为对方的一个眼神就胡思乱想,甚至郁郁寡欢。尤其在和贾宝玉的这段关系里,林黛玉数次生闷气,每次生了气,林黛玉就回到房间,在床上默默流泪一天,一句话也不说,将所有的不快都压在心底。之后,张道士给贾宝玉提亲,贾宝玉虽然明确拒绝,但林黛玉心里还是不舒服,她默默生气,用言语挖苦贾宝玉,见贾宝玉不明就里,心里更是气闷。长此以往,也就导致了她年纪轻轻肝气郁结,早早香消玉殒了。

这个悲剧和林黛玉自身的性格分不开,她本身就不是开朗的性格,遇事总是暗自流泪,憋闷不语。而且她寄人篱下,贾府人际关系复杂,各家各户暗藏玄机,这样的生活环境,注定了她在偌大的贾府中没有一个可以互诉衷肠的朋友。

贾宝玉曾对林黛玉说:"你皆因总是不放心的缘故,才弄了一身病。但凡宽慰些,这病也不得一日重似一日。"

林黛玉生闷气的方式，恰恰也是现在很多人处理情绪的方法。不愿在职场中和同事起冲突，不愿在亲密关系中坦白，这正是一种对精神力的内耗，久而久之，必然会将自己掏空。

来访者玛丽最近入职一家外企公司，同部门的老员工总是把额外的工作交给她，有时候玛丽不得不加班完成。最初，为了同事之间的关系，玛丽也就答应了，时间久了，她就拒绝了几次，谁知老员工竟在背后议论起玛丽来。无奈，还没在职场中站稳脚的玛丽选择了忍耐，只能默默生闷气。

对此，心理医生安德烈娅总结道，选择被动攻击的人都有"发脾气就没人喜欢你"的结论，而他们迫切渴望被喜欢、被接纳，不想身边的人离他们而去，担心一点点的愤怒与冲突都会结束这段关系，因此他们特别害怕对身边的人生气，也不敢发脾气。

其实，无论在哪个领域内，都要清楚并严格坚守自己的底线，不要随意发脾气，但也不能让别人越过你的底线。

学会表达是解决生闷气问题的第一步

心理学上将爱生闷气的性格称为"C型性格",这类型的人患癌概率要比一般人高很多。

马歇尔在《非暴力沟通》中指出,一定要学会说出自己的感受,而不是让别人猜。

表达,就是第一步。很多人不愿意把气发出来,是因为要维持人际关系,认为一旦发了火就没有挽回的余地了,自己生个闷气就算了。但实际上,若是日积月累地生闷气,迟早有一天会爆发,那破坏力可是相当惊人的。

朋友小张是一所培训机构的老师,她平时总是笑呵呵的,和同事相处都很融洽,偶尔面对主任的挑刺和嘟囔,小张也都是一笑而过。看似不放在心里,实际上则是自己默默消化。

后来,在一次开会时,主任刚说了一句小张和家长沟通的问题,小张就像被点燃的炸药包,拍案而起,怒火倾泻而出,不仅吓坏了主任,还把机构里的其他人都吓了一跳。最后,主任私下和小张道了歉。实际上他根本不知道小张有这么多不满,他希望小张下次可以直接告诉他。

事后，小张也意识到了问题，很多自己不能忘怀的小事，主任根本没有印象。所以，表达愤怒和不满，是一件非常重要的事情。

很多人都说，退一步海阔天空。可事事都退一步，那自己的情绪该怎么办，退到无可退之时，岂不是要来一场大爆发？

当情绪冲上头顶时，多数人的第一反应就是发脾气，这是身体的正常反应。而我们要做的，是要知道为什么生气，正确的愤怒表达应该是什么样子的。

首先，要说出愤怒，而不是吼出愤怒。

只有好好说话，别人才愿意和你沟通。若是你一开口就声嘶力竭的，那只会把矛盾进一步激化，一个人的愤怒会变成两个人的争吵。

其次，说自己的感受，而不是评价他人。

生气是因为对方的行为或者言语让你不舒服了，你可以表达出自己的感受，说自己现在很难过、委屈等，但不要因为一件事情就去负面评判一个人。因为那样你的言语会变得极具攻击性，结果就是问题解决不了，还影响了人际关系。

最后，要提出可行的解决方法或建议。

表达完愤怒之后,重点是要想着怎么能够避免再次发生这类事情,要找到这个愤怒的源头,是因为对方爽约,还是因为对方出言不逊,找到原因才能够对症下药。

生闷气后最重要的是学会疏导

想要彻底改变生闷气的性格,就要改变心态。

不要总是与他人攀比,人的落差感大多都是攀比之后产生的。每个人都有自己的人生轨迹,有得意时的"须尽欢",自然就有失意时的"空对月"。你在低处与高处的他人做对比,只会让闷气越积越多,甚至还会产生焦虑、恐慌等负面情绪。

马歇尔曾说:"如果真的想过上悲惨生活,就去与他人做比较。"

人生是自己的,不要对他人抱有希望。希望越大,失望也就越大。我们要减少将期待押注在他人身上的行为,你的世界是自己的,和他人无关,也不会因为谁的离去而坍塌。与其生闷气,不如争口气,好好爱自己,不要让负面情绪影响了你的健康。

明朝著作《菜根谭》里有句话说得好,也很适合作为本课的总结:"宠辱不惊,闲看庭前花开花落;去留无意,漫随天外云卷云舒。"

第五课　接纳不完美是获得美好生活的真谛

美国密西西比州有一个偏僻的乡村小镇，有个可怜的黑人女孩出生在这里，她是未婚母亲的私生女，她的出生不被期望，遭受亲人虐待。她家里穷得根本没有衣服穿，大人给她套上装马铃薯的麻袋当衣服，农场里的动物是她的宠物，玉米棒子是她的洋娃娃。

女孩九岁时被堂兄强奸，之后的五年里，她陆续被不同的男性骚扰，她一度自甘堕落，甚至在14岁的时候生下一个早夭的婴儿。那一年，对她束手无策的家人将她送到了亲生父亲身边，女孩这才过上了正常人的生活。

严格的教育促使她大量读书，很快她就成了班上成绩优异的学生，还因为卓越的口才从万人中脱颖而出。最后，她成为主持人，虽然被同事和观众嘲讽长相丑陋，但她仍然靠着独特的个人魅力和超强的主持功力在舞台上站稳了脚跟。

她就是美国的"脱口秀女王"——奥普拉·温弗瑞。

从贫穷的黑人女孩到亿万富翁,奥普拉完成了人生逆袭,可纵观她的人生,绝对和"完美"两个字不沾边。贫寒的出身,迷茫混沌的青春期,不算靓丽的长相,这些不完美却都没有限制奥普拉的发展,她勇敢坦陈自己的过往,揭开伤疤,无惧过去。

其实,正是一个个看似不完美的因素,造就了一个真实的脱口秀女王。

我们也是如此,接纳自己的不完美,才能练就更强大的自己。

自我否定会造成情绪内耗

"你真厉害啊,才工作几个月,就能独自完成项目了。"

"没有没有,我是运气好,没那么厉害。"

"你在咱们同学中真的算可以了,这么早就买车买房了!"

"我这都是贷款买的,差得远呢,大家都比我强。"

"我真的很差劲。"

"我做不到，我不行。"

你是否见过这样的情况，面对别人的称赞，有的人是在谦虚，而有的人是真的觉得自己很一般。这种人存在一种自我否定的心理，他们总会觉得自己配不上别人的赞美和认可。

网上有个妈妈的教育方法引起了众人的讨论，她认为孩子不需要一个快乐的童年，而是需要一个严格的学习环境和严肃的态度。她对儿子的教育非常严格，在孩子写完学校的作业后，她要求孩子额外再做三张卷子，每错三道题就再加一张卷子。在这个强度下，孩子几乎没有一点娱乐的时间。

面对强势的妈妈，儿子选择了隐藏自己的真实想法，他不会去表达自己的情绪，反而认为妈妈不喜欢自己。因为妈妈总是在说谁家孩子更听话，自己只要犯一点小错，就会受到严厉的惩罚。

久而久之，孩子潜意识里觉得自己很糟糕，不是个好孩子，小小年纪就陷入了严重的自我否定之中。

当产生负面情绪的时候，我们会进行自我控制，在这个过程中，会消耗很多的心理资源。一旦心理资源不足，再进行自我控制就会开始内耗。长此以往，会让我们产生巨大的疲惫感，并透支心力，严重的还会导致心理疾病。

自我否定的危害非常大，但这也是完美主义者最常见的心理状态，总是不断地否定自己，想要追求完美，可这世界上哪儿有真正的完美？

老子在《道德经》中说："持而盈之，不如其已。"

意思是说，往任何容器里倒东西，满了多了都会溢出来，只有保持一个"度"才不会溢出。

平凡的自我也有无限的魅力

加拿大心理学家保罗·休伊特把完美主义性格分为三个类型：

一是要求自我型，给自己设下很高的标准，并力求做到极致；

二是要求他人型，这种类型的人会给别人设立很高的标准，并且不允许别人犯错；

三是被人要求型，这种类型的人为了满足或达成别人的期待，时时刻刻都想要保持完美。

无论是哪一种完美主义者，都会让自己和别人非常疲惫，只要没有达到预期的目标，就会不断否定自己。将百分之百的完美作为标尺的结果多半是因小失大，错失之后的机会。

比如过于追求完美会导致无限拖延，只要其中一个环节不够完美，这件事情就将很难做成。他们常常忽略了一点：完成比完美更重要。

我们不可能事事都做到最好，列夫·托尔斯泰说："如果你追求完美，你永远都不会满足。"

适当降低标准，承认自己是个不完美的平凡人，幸福感会直线上升。

不完美也是我们的一部分

著名的心理学实验"温水煮青蛙效应"可以佐证不完美的价值。将一只青蛙丢进四十摄氏度的热水中，青蛙会在一瞬间蹦出来。若是先将青蛙放在冷水里，然后慢慢加热，即使青蛙会从舒适的水温中慢慢察觉到不对，那时也已经无法跳出来。

自我否定就和这一锅温水一样,你身陷其中,将思想和情绪禁锢在这个小天地里,等你意识到危险时,已经无力改变。

人生就像一场马拉松,有的人纠结于所迈出的每一步的精准度,结果根本没有察觉到自己正身处一条赛道上,向前看,才是首先要做的事。

关羽在《三国演义》中卓尔不群,实际上,关羽绝不是一个完美的人。他狂傲自大,虽不可否认关羽的武力值,但他不够谦逊,曾出言侮辱孙权,说"虎女焉嫁犬子"这样的话。

而且,关羽还非常贪恋虚名,他只要遇到名将,就想要与之比试一番,这些都是关羽不完美性格的表现。然而,这并不妨碍关羽被读者喜爱,他独特的人格魅力,正是由性格中的这些不完美构成的,这让他成了一个更真实的大英雄。

在人生的旅途中,每个人都承载着自己的一份不完美。我们常常被社会标准和他人的期待束缚,追求着完美的外表、完美的成绩、完美的生活。然而,我们应该明白,完美只是一个幻象,真正的力量和美丽蕴藏在我们的不完美之中。

不完美是成长的机会,是我们追求进步和超越的动力。通过正视自己的不完美，我们可以发现自己的潜力和改善的空间。我们可以从错误和挫折中吸取经验教训，不断提升自己。正是因为我们不完美，我们才能在人生的舞台上不断演绎出新的角色，创造出属于自己的精彩。

第六课　让自信的力量引领人生

美国有位心理学家曾做过一个实验，他在大学里挑选了一个不受欢迎还愚笨的女孩作为实验对象，心理学家要求同学们改变对她的看法，要让女孩认为自己是班上最聪慧漂亮的人。

同学们争抢着向她献殷勤，请她看电影，邀请她去参加舞会。一年之后，这个女孩和之前判若两人，宛若新生，不仅容光焕发，而且言行举止也完全不一样了。实际上，女孩还是那个女孩，但因为内心的变化，让她身上的魅力由内而外散发出来。这就是自信的力量。

上一课我们说，这个世界上没有完美的人，但自信是最接近完美的状态。生活中，很多人都有畏惧心理，这是不自信的一种表现。比如不敢上台讲话、不愿在 KTV 唱歌，甚至站在人前都觉得困难，感觉自己从头到脚都是问题。

负面情绪总是以各种各样的姿态出现，就像是人生道路上的一个个障碍，锁住了我们通向成功的双脚。

《超级演说家》的总冠军刘媛媛就曾说：

越自信，越无畏；越无畏，越强大。我们只有与自己的畏惧心理与负面情绪和解，才能获得把工作做好、乐在其中，夺回生活的掌控权、享受工作之中和工作之外的生活的内在动力，为成长赋能。

自信是负面情绪的消除剂

很多心理医生都曾表示，绝大多数前来咨询的病人，无论是情感问题，还是社交障碍，甚至生理问题，其根本原因都是缺乏自信。这类型的求助者的主要特征是，害怕做错事、害怕被批评、害怕被议论等，还认为所有的失败都是自己导致的，具有强烈的自我谴责倾向。

严重缺乏自信的人，很有可能会让生活陷入恶性循环。比如，在某件事情开始之前就抱着"必败"的决心，最后事情果然失败。结果因为自我价值的无法实现，又陷入了更深的自信缺失之中。

来访者小朱是一名刚过 30 岁的公务员，有轻微的社交障碍。她大部分的时间都是在考试，工作之后，和同事之间相处困难，还经常被领导批评，这导致她的价值感直线下降，潜意识里觉得自己非常糟糕，还会报复性地贬低自己。

每当这个时候，负面情绪就会将小朱笼罩，自我否定的心态占据上风。而这一切的罪魁祸首就是"缺乏自信"。大多数人的误区是，认为只有当别人认可你的时候，你才会有自信。实际上，自信并不是他人给予的，而是从自己的内心产生的。

拥有自信的人，是充满力量的人，他们可以告别负面情绪的袭击，甚至成为负面情绪的克星。在心理医生的眼里，自信是一剂天然且珍贵的药方，只要能够拥有自信，人生就将焕发出新的光彩。

构建我们的自信

自信是需要构建的。

美国著名歌手麦当娜，就是一个因为构建了自信而实现人生逆袭的案例。在她五岁时,她的母亲就去世了,父亲很快组建了新的家庭。在新的家庭里,麦当娜始终无法找到自己的定位,这让她的童年非常没有安全感和归属感,所以麦当娜是缺乏自信的。

从小,麦当娜跟着许多老师学习舞蹈和乐器,她掌握了许多专业技能,但那时的麦当娜还是没有自信。直到她跟着另一位老师学习舞蹈的时候,老师对她说:"你很美,有天赋,还有一种令人痴狂的魅力。"

这句话构建了麦当娜自信的基础,往后她所呈现给世人的惊艳演出,皆是因为这句话而起。麦当娜用实际行动不断提升自己的自信,让自己成为一个自热发光的太阳,让她能够在世界各地收获粉丝,赢得一大批追随者。这就是自信的力量,自信可以成就一个人。麦当娜自信的起点虽然是他人,但终点始终是自己。

冯骥才说:"别人给的力量不能持久,从自己身上找的力量,才能受用终身。"

有个故事发生在我国台湾一个小乡村里,有个穷小子,他在种田的间隙望着天空发呆,父亲问他:"你在想什么?"他就说,希望以后不种田,坐在办公桌前，就有人往家里寄钱。

种了一辈子田的父亲笑着让儿子别异想天开了。几天后，儿子又对父亲说，自己长大了会去埃及看金字塔，父亲又让孩子别做梦了。

孩子不管父亲说什么，他总是对自己充满信心，对未来充满憧憬。十几年后，穷小子成了作家，每天在桌子前坐着工作，报社、出版社纷纷往家里打钱，而他也真的去埃及看了金字塔。一切都像他小时候梦想过的那样，这个人就是台湾著名作家林清玄，他相信自己，并为此付诸行动，最终成就了自己。

构建信心并非一朝一夕能完成的事，这是一场又一场艰难的征途。如果你感到缺乏自信，就要努力在心理防线濒临崩溃时控制住自己，使自己重新回到巅峰状态，长此以往，你就会拥有自信，获得成长。

自信是积极情绪的温室

当一个人拥有了自信之后，就会对自己所做的事情充满激情。当你成功后，淡看风云，不骄不躁；就算失败，也可以心平气和，客观分析，吸取失败教训，为下一次出发做准备。

建立自信的第一步就是无条件接纳自己存在的价值。我们每个人的存在都是有意义的，可很多人都会给自己的存在加上一个限定条件。

例如，你很胖，你给自己加了一个条件，我只有瘦下来才是有价值的。或者，你正在准备考试，你会说，只有当我考上的时候，我才是有价值的。又或者，你正在为儿女的学业操心，你会说，只有孩子考上大学，我才是有价值的。

这些独白是不是很熟悉？这正是我们大多数人的内心写照，我们很难无条件地接纳自己，总是会给自己加上各种各样的前提。在没有获得这些前提时，我们的自我价值乃至存在的意义都会被负面情绪否定。

容颜易逝，青春终去，只有自信的人才能够骄傲一生。真正的强大来自内心，你要相信，当一个人拥有了自信之后，很多困难都会迎刃而解，负面情绪没有了滋生的土壤，你的整个身心都会被积极情绪填满。不要被他人影响，不要想着取悦别人，好好爱自己、接纳自己。

就像亦舒在《美丽新世界》里写的那样："人生短短数十载，最紧要是满足自己，不是讨好他人。"

第七课　拖垮行动的元凶是选择困难

小到今天穿什么、吃什么，大到上哪所大学、去哪家公司，人生正是由无数个选择组成的。就算是每次看似不起眼的选择，也很有可能会造成蝴蝶效应，在日后某一天，颠覆你的生活。

《杀死鹌鹑的少女》中有这样一句话："当你老了以后，回顾一生，你就会发觉：什么时候出国读书、什么时候决定做第一份职业、何时选定了对象而恋爱、什么时候结婚，其实都是命运的巨变。"

随着时代的进步，物质文明和精神文明日渐丰富，我们却面临着比以往更艰难的选择。这种无法在两种或两种以上不同方向的动机、欲望、态度以及情绪等方面做出选择的情况，被心理学家称为"心理冲突"，也就是我们常说的"选择困难症"。

许多人的悲剧来源于不会选择、不坚持选择、不断地选择。因此，如何选择，是我们人生成长道路上的一个重要课题。

选择困难症让你的生活陷入困境

英国《每日邮报》曾对2000多名英国人做过一次问卷调查，有80%的受访者表示自己在做决定的时候犹豫不决，更可怕的是，平均下来每个人每周有7小时36分钟的时间都消耗在了"选择"这件事情上。

现阶段，选择困难症也是我们在生活中最常见的一种问题，外在因素是我们面临的选择实在太多了。拿购物来说，购物软件有很多，各个平台的优惠政策不同，产品品牌不同。面对琳琅满目的商品，人们就会陷入选择的困境中。有研究人员以洗发水为例做过一组实验，结果显示，洗发水的功能越多，人们越难选择出适合自己的产品。

内在因素是我们都想做出"最好"的那个选择，但调查结果显示，挖空心思做出的选择，竟有一半以上的人认为并不是最优的。

其实，较为严重的选择困难症也有一定的生理因素在作怪，如果大脑皮层的灰质缺失，就会导致动力和决断能力减弱，这也是有的人无法做出选择的客观原因。

不过，生活中大多数选择困难症的形成，都是有迹可循的。从心理学的角度来说，毫无意义的纠结是内耗效应的一种表现，它会让一个人的办事效率低下，在决策过程中消耗大量精力，最后得不偿失。

选择困难症还可能引发心理压力和焦虑。面对重要决策时，个体可能感到压力，担心做出错误的选择会导致不良后果。这种心理压力和焦虑反过来影响决策过程，导致犹豫不决或拖延。

来访者周先生说，他的人生毫无选择可言，从每天穿什么，到上什么学校，做什么工作，父母全部给他安排好了，结果现在他根本不会做选择，甚至连今天要怎么搭配衣服，都想打电话问问母亲。

因为父母的溺爱和掌控，周先生从未拥有过选择这项能力，就算现在他完全可以自主去选择了，但这些事物也已经脱离了他的控制范围。

做选择的正确步骤

我们究竟应该如何做选择呢?这里有一个简单的步骤。

当面对选择困难时,做出决策的第一步是理解并接纳自己的困扰。选择困难症是一种常见的心理现象,而你并不是唯一一个面临这个挑战的人。认识到这一点可以减轻一些焦虑和自责,使你能够更积极地面对并解决这个问题。

其次,简化选择过程是解决选择困难症的关键。面对过多的选项时,尝试缩小范围,思考自己真正关心的目标,将注意力集中在那些与之最符合的选项上。

我们也可以寻求他人的建议,与信任的人分享交流。听取他人的观点和建议,可以提供新的思路和角度,帮助你更好地理清头绪。

制定决策的标准和优先级也是解决选择困难症的重要步骤。考虑不同方面,列出标准和处理时的优先级,将它们作为决策的依据。这样做可以帮助你更有条理地权衡不同的选项,减少犹豫和拖延。

比如,当面对去工作还是继续学习深造这个问题的时候，你在心底问问自己，你想要做这件事情的目的是什么？你想要以后进大公司，赚更多的钱，还是做研究，在学术上深造？

当你确定了目标后，再进一步去收集相关信息。例如，这家公司的前景如何，直接工作的话，对以后的简历有什么帮助吗？如果去做研究，这个专业的未来如何，你要怎样在学术领域有一席之地？

将你很难做出选择的事情所涉及的多个方面的信息收集起来，然后进行下一步，也就是多维度分析。从你的家庭到经济条件，再到自身水平等维度综合分析，最后做出决策。不要因为你的决定而后悔或者懊恼，很多时候，没有哪一个机遇更好，也没有哪个计划更好或者更糟，我们所有的决定都是要根据当时当下我们这个阶段来考量的。

在选择之前，选择是很重要，但在选择之后，坚持更重要。

打破选择困难症，迈出决策第一步

有一位来访者，是个爱好写作的朋友，他的梦想是成为一名小说家。但许多年过去了，他还是没有成功，每次问起来，他都会说自己的第一部作品还没有构思好，有很多地方需要改进，等等。

成为一名小说家的梦想，和写不出故事的现实，每天都折磨着这位朋友，他常常感慨自己时运不济，找不同的理由来合理化自己没有写出小说的现状。这位来访者就是被完美主义的幻想困住了，他应该做的，并不是一直打磨想象中的完美作品，而是开始动手写自己不完美甚至有点糟糕的作品，只有开始行动，才能看到结果。

别害怕选择，迈出第一步是做选择的关键，但也不必对此过度纠结。决策是一个持续的过程，你可以在实践中学习和调整。通过积极行动和不断反思，你将逐渐发展出更好的决策能力，并适应不同情境下的选择挑战。

第八课　摆脱拖延症的陷阱

"等到明天再说吧，今天太累了。"

"开学前几天再写论文吧！"

"还有时间，我玩把游戏再开始。"

拖延，是我们生活中最常见的问题之一，不到最后几分钟，似乎就不想做这件事情。这明明是一件很小的事情，但我们总是喜欢拖到最后一刻。

尤其是当我们要做的事情很多时，拖延反而愈发明显，看着被排得满满的行程，就想窝在沙发上消磨时间。正事从白天拖到晚上，等到最后发现躲无可躲了，只能起来埋头苦干，一边做一边谴责自己："早干啥去了！"

这就是拖延，明明能够预见其所带来的不利结果，却仍旧推迟了原本的计划。当然，很多人都有拖延的问题，这和我们的大脑有关系。一个人每天的大脑能量消耗非常大，正是基于"高耗能"的特点，大脑就像托管机器一样，会尽量自动化地处理身边的事情。

所谓自动化，也就是最小耗能地运行，被拖延的事情往往都是有一定难度的，大脑自动将它们排在了后面，最先去处理那些简单的事情。通俗来说，大脑也想要及时行乐，想要不用"劳动"地生活。

为何会产生拖延症

我们在看电视、玩游戏、看短视频的时候，大脑会分泌多巴胺，让人产生愉悦感，大脑也因此进入了舒适区。从心理学上说，拖延并不是一种破坏性行为，相反，它是一种自我保护。

每年毕业季的时候，大学里最常见的拖延就是写论文，明明导师给了两个月的时间去写，从找资料到整理案例等，时间非常充足，可不知怎的，准毕业生们在第一步就卡了一个半月，最后剩下的半个月，不得已开始拼命赶进度。

我们讨厌论文的烦琐无趣，恐惧答辩的失败，安于不用动脑思考的现状，懒得去考虑自己即将面对的社会。这时候,拖延就会让你进入一种舒适区,仿佛是在说:你看,就算我的论文很糟糕也没关系,毕竟还有半个月的时间去准备。

我们总喜欢为自己的拖延找借口,从而掩饰自己的无能与羞愧,其实,拖延的背后是我们对生活的恐惧和渴望。有位研究拖延症二十多年的心理学家说:拖延的主要原因并非逃避工作或生活,而是逃避压力。

那些越让我们感到压力倍增的事物,越会激起大脑的逃避。比如说,你想减肥,肥胖这件事情让你压力非常大,不仅影响了你的健康,还对你的人际交往产生了负面影响。

你制订了详细的减肥计划,但每每到了跟前,总是想要等一等,再等一等,一直拖延这件事,最后只会不了了之。实际上,你逃避的是肥胖这件事带给你的压力。

如何摆脱拖延症

美国作家梅尔·罗宾斯在 TED 演讲的时候,谈起如何不让自己的生活一团糟。她分享了自己曾经艰难无比的一段日子，人到中年，失去工作，财务出现危机，婚姻也岌岌可危，一切都变得那么糟糕。

这时，她陷入了拖延之中，每天早晨睁开眼睛，看着被孩子们弄得乱糟糟的厨房，她有烦躁也有自责。她应该要提前起来给孩子们做饭，送他们去学校，可她不愿意起床，因为一睁开眼睛，就是暗淡无光的现实世界。

她知道该收拾好自己，出门去找一份工作来缓解经济压力。她也知道自己该和丈夫坐下来，好好谈一谈他们之间的问题，可她一拖再拖，始终不愿去行动。

这就是我们大脑的保护机制，趋乐避苦。

一旦去直面这些问题，就要面对自己满目疮痍的生活。表面上来看你是在拖延时间，想着等等再去解决，实际上你是在拖延自己的人生。拖延所带来的快感是虚假的，随后你就会因为堆积的事情而变得焦虑，负面情绪由此产生，并在你的心理防线上反复横跳。

梅尔意识到了事情的严重性，她开始寻找改变，也就是行动起来。她提出了"5秒法则"，用快刀斩乱麻的方法，一刀终结拖延。意思是说，当你需要做一件事情的时候，不要胡思乱想，就给自己 5 秒的准备时间，默数完之后，就去行动。

就像每天早晨起床定闹钟一样，有多少人的手机界面排满了闹钟，每个间隔几分钟，这也是一种拖延。5 秒法则就是说，当第一个闹钟响起后，马上起床，不要让自己拖延，说白了，就是不要给大脑"反悔"的机会，打它个措手不及。让它还没有开始找逃避的借口，就发现这件事情已经做完了！

很多事情是需要三思而后行的，但有些需要立马去做的事情，再三思，就很难做成了。

明天的成功源于今天的努力，生活在虚构世界里的人是无法和拖延抗衡的。请从"5 秒法则"开始，学着摆脱拖延症。

战胜拖延症的训练

有人说：拖延等于谋杀了机会。我们要出手干预它，若是放任不管，会影响我们的生活质量，严重时，拖延还会往精神疾病的方向发展。

消除拖延的第一步——我们要制订明确的目标。

这个目标要务实且可以操作，制订好大目标之后，再制订相应的小目标，比如说，你计划在五天之内读完一本书，那你的小目标就是第一天要读几章，第二天要读几章。

另外，还要真实地对待时间，意思是说，你要真的记录下来自己在一件事情上花费了多少时间。比如在每次工作的时候，统计一下自己真正投入其中的时间有多少，喝茶玩手机的时间自然被排除掉。久而久之，你在做一件事情之前，就知道自己大概会花费多长时间，计划也越来越具有实操性，完成率也会逐渐提高。

其次，心理上的训练也很重要，就是不要惧怕失败。

无法面对自己的失败，是很多人压力的来源。新东方的创始人俞敏洪考了三次才考上北大，在高考这件事情上他失败了两次，但他面对了失败，并击败了压力，终于在第三次成功考上北大。

他的创业之路也很艰难，屡屡失败，但他并没有因此就拖延创业的进度，相反，他每一次失败之后，再站起来都更有激情。

前面我们讨论过完美主义者，完美主义者也很容易拖延，担心事情不如自己预期的那样完美，于是不主动推进事情，永远都停留在准备阶段。

"脸书"网站上有句口号是：完成好过完美。这句话非常受用，你很难将一件事情做到100分的完美，不如先做70分的完成。

另外，还有一个训练很日常，随时都可以做到，就是"列清单"。

很多时候，我们拖延是因为要做的事情太多了，无从下手，所以干脆就不下手了。针对这个问题有一个好方法，你每天只需要在本子上写六件事情，不多也不少，每天把这六件事做完就行了。

看着一件件事情被划掉，你会收获成就感，这就是一种积极的心理反馈。慢慢地，你可以增加待办事项的数量，养成习惯后，拖延就会渐渐远离你的生活了。

最后，大脑不单单是在娱乐放松的时候会产生多巴胺，在你完成一件工作之后，它也会产生愉悦感。打败拖延，我们还能够持续性地强化大脑的多巴胺神经控制回路，让大脑在枯燥环境下也能产生多巴胺，将大脑从"不愿行动的大脑"转变为"主动行动的大脑"。

这就是为什么沉迷工作的人会越来越爱工作。日本企业家稻盛和夫就非常热爱工作,他不止一次公开表示,自己很爱工作。他很少拖延,因为他的多巴胺大多来自行动和思考。

第九课　洞悉精神内耗的本质

在这个快节奏的现代社会，我们不仅面临着物质的追求和日常的琐事，还承受着无形的沉重负担，那就是精神内耗。或许你曾经有过能量在无声的战斗中被耗尽的感觉，那种困扰消耗着你的精神能量，让你无法获得真正的宁静和内心的平衡。精神内耗隐藏在我们的思绪和情绪之中，如同一阵隐形的风暴，悄悄地侵蚀着我们的心灵。

我们不断地为过去的错误和遗憾忧心忡忡，担忧未来的不确定性和挑战。我们陷入了思虑的深渊，无法从中解脱。这种内耗让我们的心灵变得疲惫不堪，失去了对生活的热情和喜悦。

这种莫名的疲惫感，并不是身体上的疲惫，而是心理上的主观感受，就算你一天什么都没干，也会出现这种疲惫感。精神内耗的过程，像是有一把勺子，一点点将自己掏空。

灾难化的思考方式

"刚才我让他生气了,我们是不是做不成朋友了?"

"为什么他是这样的表情?我哪句话说错了吧!"

生活中,我们总是会遇到各种各样的困难和问题,而你如何去思考和看待这件事情,将会决定这件事日后的走向。精神内耗第一个典型表现就是"灾难化的思考方式"。意思是说,哪怕是遇到一些稀松平常的小事,这个人也能够想到灾难性的后果。

这类人的精神很敏感,往往事情还没有结果,自己的想象就已经让他紧张不已。尤其是在面对重要的事或人的时候,更容易产生焦虑、恐惧等负面情绪。字节跳动创始人张一鸣曾说:"所有的消极都是心理时间的累积和对当下的否定造成的。不安、焦虑、忧虑,一切的恐惧都因过度关注未来而引起。"

来访者章女士就对坐飞机有着很严重的焦虑,她很害怕坐飞机,总会从坐飞机这件事情想到可怕的后果,有几次不得不坐飞机的时候,章女士都汗如雨下,心跳加快,浑身颤抖,仿佛下一秒就要突发什么疾病去世似的。

如果你和她说，飞机实际上是安全性最高的交通工具，她会说她很清楚，但仍旧会担惊受怕，去想象灾难性的后果。这样的思维方式，并非全然无救，也是有解决方法的。

斯科特在《少有人走的路》里说："人生唯一的安全感，来自充分体验人生的不安全感。"

也就是说，我们所有的恐惧，皆是自己的主观感受，只有改变主观感受才能够摆脱灾难化的思维模式，这就需要"行为认知疗法"了，它主要是纠正患者不合理的认知，通过改变患者的看法和态度来改善心理问题。当然，这是比较严重的灾难化思维的解决方法，需要专业人士的帮助。

对普通人来说，我们可以将灾难性想法写下来或者大声说出来，审视它的合理性，然后再进行分析。当灾难性想法又开始的时候，你应该集中注意力，知晓它将带来的巨大心理压力，然后从认知上打败它。

无法摆脱的悲观思维

精神内耗的第二种表现——消极思考方式。

有这样一个例子,现在桌子上有一个杯子,里面有一半的水,有的人会说:"还有一半的水!"而有的人则会说:"啊!只有一半的水了!"

这就是积极思考和消极思考的对比。通俗来说,消极思考方式就是凡事都往坏处想。这也是很多人活得很累的根源,并不是自己的能力有问题,而是没能处理好自我关系,从而产生激烈的内心冲突。

曾有一位游泳救生员在工作时,被"熊孩子"拿玻璃划伤了左眼,导致左眼失明。往后多年里,这个人的脑海里一直都在重演那天发生的惨剧,他一遍又一遍地想:要是这件事没有发生就好了。他陷入消极的想法,始终走不出来,并将负面情绪以暴力形式发泄在妻子和孩子身上,最后,妻儿离开了他,而他还是将这一切归咎于那天的惨剧。

在《自卑与超越》中,阿德勒说:"发生在我们身上的事情并不能导致成功或者失败,让我们成功或者失败的,是我们对这些事情的解释。"这里的"解释",可以说是一个人的看法或思考,实际上,困住一个人的并不是一起意外事故，而是他消极的思考方式。

当我们遇到一件事情后，可以利用思维导图的形式，将可能发生的结果或者后续的发展作为子标题延伸出来，这样就能够直观且客观地看到一件事情的多种解释，不再被单一的消极思考禁锢。

竖起自我的限制和障碍

精神内耗的另外一个表现是"自我设限"。

演说家莱斯·布朗曾说："生命没有极限，除非你自己设置。"

自我设限，是我们前进和成长路上最大的绊脚石，你总认为自己做不到，总感觉以自己的实力和能力不能够胜任这件事情，当机会到来的时候，你总是错过。自我设限会扼杀你潜在的可能和无限的潜力。

生活中到处充满平凡人的奇迹，有六十岁才开始学习认字，七十六岁出书成为作家的姜淑梅；也有意外残疾，却为国争光的残奥运动员。这样的传奇事迹，每天都在上演，这些人普遍的特征就是大胆去尝试不同的生活方式，用看似残缺的人生书写了近乎完美的命运。

一个生物学家曾做过这样一个实验：往玻璃杯中放入一只跳蚤，一开始，跳蚤很轻松地就跳出了杯子。然后生物学家拿一个盖子盖住杯子，跳蚤继续尝试跳出来，但被盖子一次次弹回去，跳蚤也开始根据杯子的高度来调整自己跳的高度。三天之后，生物学家发现跳蚤已经不再碰到盖子了，于是将盖子拿走，发现跳蚤依旧在那个高度不停地跳。

我们的思维正如那只跳蚤，而这盖子就是我们给自己设下的极限。你有什么样的目标，就会有什么样的人生，不要因为失败而放弃机会，否则，当盖子移走以后，你还是在原地跳跃。

不断对自我进行攻击

有位特殊的来访者，是位孕妇，她经历了两次流产，第三次的时候，她历尽千辛万苦，终于又怀上了一个孩子。这一次，她比以往任何时候都要小心谨慎，遵守医嘱，丝毫不敢有差池，遗憾的是，她还是在几周后流产了。

面对婆婆的指责、老公的冷眼,孕妇也觉得是自己的问题,她不停地埋怨自己、指责自己。后来,这位孕妇得了严重的焦虑症和抑郁症。

其实我们每个人都会经历糟糕的事情,面对性骚扰的时候,"键盘侠"会说:谁让你穿裙子!谁让你半夜出门!身体上已经承受了压力,精神上还要被自己折磨,我们常常会想,自己为什么会遭遇那些不好的事情,是不是真是自己有问题?

这并不是"自省",而是"过度反思",更是自我攻击。很多时候,我们需要的只是一句:"你已经做得很好了。"

要知道,降临在你身上的不幸,有很多并非你的原因。所以,每当不好的事情发生时,在你埋怨自己之前,不妨试想一下,自己是否已经做得不错了,不幸的发生,并不是我们能够控制的。

我们能够做到的,是在意外发生之后,学会调整自身的心理状态,掌握应对的方法:

1. 培养冥想和正念的习惯。

冥想是一种可以让我们专注于当下并平静内心的实践活动。每天花一些时间静坐,专注于呼吸或观察思绪的流动，可以减轻我们内心的困扰，培养内心的平静和专注力。

2. 建立日常放松的习惯。

给自己留出一些时间来放松和充电。尝试一些放松技巧，如深呼吸、温热浴、阅读或听音乐等，帮助你释放压力，恢复精力。

3. 建立规律的睡眠模式。

良好的睡眠对恢复精力至关重要。确保每晚都有足够的睡眠时间，并尽量保持规律的睡眠时间表，有助于调整生物钟和提升睡眠质量。

4. 积极面对情绪。

允许自己感受情绪，但不要让情绪控制你。尝试通过情绪管理技巧，如情绪释放、写日记、与他人分享等方式，来表达和调节情绪，使其得到释放和平衡。

5. 建立健康的生活方式。

保持均衡的饮食、适度的运动和足够的休息，对维持身心健康至关重要。关注自己的身体健康，使身心合一，有助于减轻精神内耗的影响。

《蛤蟆先生去看心理医生》一书中说："没有一种批判比自我批判更强烈，也没有一个法官比我们自己更严苛。"

　　精神内耗,是我们当代人最常见的心理状况,这并不可怕。我们应当行动起来,终结内耗,成为自己精神的主导者。

第十课　突破自卑的障碍

自卑是由比较引起，由自我评价造成，由刺激产生的连锁反应机制，是一种正常且普遍的心理现象，甚至那些看起来很优秀的人也会自卑。心理学家认为，自卑是一种消极的自我评价和自我意识，是主观感受里对自己能力和价值评价偏低的一种消极情绪。

阿德勒将自卑感称为自卑情结，他认为，自卑是一个人认为自己的能力、环境以及天赋不如别人，又由潜意识的负面情绪组成的一种复杂心理。自卑可以让人变得优秀，但同时也会阻碍人走向成功。

在现实生活中，有很多标准尺度的存在。总有无形的标尺对一个人的工作好坏、社会地位高低进行衡量。人们拿起标尺衡量自己的成绩，当达不到心中预期时，就会产生自卑的情绪。越是脱离实际的预期，越是会滋生更多的自卑，甚至自责。对比之后，一旦产生"比不上"或"比较弱"的感受，就会认为自己的目标无法实现，能力不足等，这些想法会威胁我们对自我价值的认可。

适度的自卑感会成为我们前进的内在动力，相反，过度的自卑感会造成严重的精神压力，影响我们的生活。

自卑源于一个人的成长路径

自卑的产生是有迹可循的，心理学家将源自家庭和成长过程中滋生的自卑情绪称为"原生自卑"，这种情绪生长在儿童时期，是人们在面对外部环境时感受到的不足感。这种不足感可能源自家庭环境，或是自身生理因素等。

来访者张女士就深陷自卑情绪之中，她从小就有下颌骨突出的问题，也就是我们所说的"地包天"。小时候被同学嘲笑，导致她习惯性低头走路和说话，不愿意微笑，每日披散着头发，让头发尽可能挡住脸。

除此之外，张女士还有一位强势的母亲。在她因为长相而苦恼、不知所措时，母亲则是用骂声回应她，会骂她不够优秀，不够努力，甚至不够开朗，每天默不作声，什么话也不说。自小的生理问题以及强势母亲的教育，导致了张女士的自卑情结，她潜意识里认为自己比不上他人，因此，自卑感也根深蒂固。

一个人的成长路径就隐藏在其负面情绪之中，很多人因为自卑而不愿意社交，甚至自我封闭，完全体会不到人生的乐趣。

有一位刘小姐说到了自己的前男友，他从小生活在贫穷的家庭中，刘小姐家境殷实，原本是喜欢前男友的踏实能干，但慢慢地，她发现前男友在钱上特别计较。她给自己买名牌，他会阴阳怪气地说她乱花钱，说刘小姐买一个包就花掉了他爸妈一个月的生活费。有时候两人出去吃饭，刘小姐提前付钱这件小事，也会让前男友的自尊受到伤害。

刘小姐也试着为了爱情改变自己的金钱观，可前男友的自卑情结愈发明显，他拼命赚钱，为了一点蝇头小利不管不顾。刘小姐理解金钱给他的安全感，但不能认同他将金钱视为一切的价值观。

其实，从刘小姐前男友现在的生活状态，完全能够看到他是如何一路走来的，金钱上的缺失一定让他吃了很多苦，受了很多委屈。但他不应该让自卑成为全部，这不仅会让身边的人很累，还会让他错失工作中的很多机会。

如果你在某些方面感到很自卑，不妨追根溯源，看看这份自卑是否有迹可循。只要是有痕迹的事物，就能够被改变，自卑也是如此。

优秀与自卑之间不是相对关系

很多人说，只要我优秀了，我就不会自卑了。实际上，优秀和自卑并不是非黑即白的关系，而是共生关系。

来访者小叶是个江苏姑娘，她现在在上海工作，和老公两人经过打拼，还在上海买了一套房，两人名下也有十几万元的存款，看起来日子过得非常安逸。可小叶表示，自己还是很自卑，她的工作并不是自己喜欢的，房子买得很小，装修也是能省则省。而且，上海有严重的地域歧视，这让小叶感觉自己无论多努力赚钱，都没有个人归属感。自己不是上海人，这就是天然的自卑点。

小叶的情况在心理学上被称作"次生自卑"，意思是说，当一个人成年后，发现自己没有能力实现虚构的目标，或者达不到内心的标准后，所产生的自卑。次生自卑会唤醒人内心的恐惧、羞耻和脆弱的情感。

次生自卑和原生自卑也有一定的关联，长大后没有实现自己的理想，这仿佛是在佐证自己的能力不足。不过，也正是因为自卑的存在，才让人有拼搏的动力，想要达到心中所想，就必须前进。小叶一家正是如此，尽管自卑，但仍旧在努力生活。

有位网友分享了自己的经历，她并不是名牌大学毕业的，但工作能力很强，几年内她在公司节节高升。可不高的学历始终是她自卑感的来源，于是她努力提升自己，考上了研究生，还帮公司拿下了一个难得的项目。

这位网友就让自卑成了内在动力，她也在全新的环境中意识到，现在的自己和曾经已经不一样了，她可以重新审视自己。于是，她不断努力，通过工作中的亮眼表现和学历的提升，来给自己积累积极的评价，从而接近自己的标准尺度，愈发地自信起来。

重塑真实自我

想要摆脱自卑，就需要把自我价值和社会价值联系在一起，只有自我价值提高了，你才会觉得这个社会需要你，这个世界需要你。我们可以用补偿心理来超越自卑。

补偿心理是一种心理适应机制，我们在适应社会节奏的过程中总会有一些不如意和偏差，为了得到补偿，我们需要往其他优势上发展，来达到心理平衡。心理学上称这种补偿是一种"移位"，自卑感越大，寻求补偿的愿望就越强烈，这是很多成功人士的心理机制。

我们可以运用补偿心理来解决自己的自卑感，首先，需要找到自己自卑的根源，必要时可以求助心理医生。很多人的自卑心理都是源自童年时的际遇。

其次，要挖掘自己的优势和长处。当你感到自卑时，你可以意识到自己在其他方面的优点和特长。这种强调其他优势的方式可以帮助你平衡自卑情绪，意识到自己在其他领域的价值和成就。

需要强调的是，要辩证地分析自己的优点，如果将超出自己能力范围的所谓"优势"作为自己的补偿目标，反而会加重自卑感。另外也不要争一时之气，而去追求目标，正确的补偿机制应该是以积极情绪为基础的。

承认自身价值是补偿心理的关键。即使在感到自卑时也要记住这一点。尽管你可能在某个方面有些不足，但你仍然是一个独特而有价值的个体。尝试思考自己的优点、经历和成就，以帮助正视自己的价值。

要学会接受自我，每个人都有优点和不足，没有人是完美的。尝试以宽容和善意的态度对待自己，认识到自卑感是一种情绪而非现实。

最后，我们还要学会冷却他人的目光和言语。现在社会中很多人的不快乐源自他人的反应和看法。太过在意别人的看法和评价，直接导致的后果是委屈自己。生活是一个取悦自己的过程，自己身上发生的绝大多数事件，都和别人无关。

我们需要关注的，并不是别人怎么看你，而是你自己在想什么。我们无法让每一个人都沉默，但我们能够选择不去理会。

我们也可以用实际行动来建立自我，战胜自卑：

- **第一,说话时,直视他人眼睛。**

自卑的人不敢直视别人的眼睛说话,从今天起,要在每一次和别人交谈时,都看着他的眼睛,这在心理学上是积极且自信的象征。

- **第二,表现自己,突出自己。**

在各种形式的讲座或聚会上,选择在第一排坐下,不要在乎有没有人,也不要管这有多显眼。我们害怕被瞩目,就是因为缺乏自信。突出自己,就要放大自己在他人视野中的比例,强化自己的作用。所以,把这个当作自己的准则,坐在第一排,增加自信,让自卑无处遁形。

另外,表现自己还要练习当众讲话。有位来访者曾说道,自己私下讲话一点问题没有,甚至可以侃侃而谈,但是一旦要当众讲话,他就会因为紧张,导致喉头发紧而发不出声音,光张嘴不说话,急得自己满头大汗。当众讲话也是需要练习的,可以先讲给自己熟悉的人听,而后慢慢增加人数,一点点克服自己的恐惧,树立信心。

- 第三,要学会微笑。

微笑在心理学家看来,是治愈不自信的良药,无论什么时候,当你感到自卑时,不妨先微笑一下,试着驱散不确定的情绪,再重整旗鼓。

自卑并不可怕,我们要做的,就是让自卑成为力量,学会将生活的重心,从外在的情绪转移到自己身上。

第十一课　步入接纳自我的旅程

自我和解是指个体在内心解决冲突、矛盾或不一致的过程。它涉及个体对自己的思想、情感、信念和行为进行反思和调和，以实现内心的平衡与和谐。

2020年1月20日，朝阳医院眼科发生了一起暴力伤医事件，眼科医生陶勇被病人砍伤，导致左手骨折、神经肌肉血管断裂、颅脑外伤、枕骨骨折，两周后才脱离生命危险。

陶勇为了练就这双手，付出了常人不能想象的努力，他能够在葡萄皮上做手术，还能够在猪眼睛上缝一千多针，他的手本是救死扶伤的手，是为国家眼科发展做贡献的手。

可这场意外，让他无法再登上手术台。伤医事件发生后，一直深受广大网友的关注，人们无不痛心陶勇的损失，国家的损失。可几个月后，他却以崭新的状态回归到大众视野中，面带微笑，从容有度。许多网友都表示,如果这件事发生在自己身上,自己一定很难接受。但陶勇医生在短时间内以一种超然的心态与自我达成了和解。

成长就是不断解决与自我的冲突

在汶川地震中失去双腿、失去女儿的廖智,曾是一名普通的舞蹈老师,小小的世界里承载了她全部的梦想和希望。然而2008年一场举国哀痛的大灾难,带走了她所有的幸福和骄傲。

但廖智之后的举动,让所有人大吃一惊,震后仅仅两个月,她离了婚,经历了魔鬼训练,再次登上了舞台。她身穿红衣,手挥鼓槌,那一刻,没人看得到她的残缺,只能看到她重生后的美丽绽放,廖智接纳了"残缺"的自己。

陶勇也是如此。刚受伤的时候,他也很迷茫,不知道未来该何去何从,尤其是职业上的规划。但很快,陶勇就接纳了自己受伤,甚至可能永远无法上手术台这件事。他坦然地说,自己遇见的病人太多了,比自己倒霉、悲惨的人比比皆是,他们中有的人,可能要失明很久,甚至再也无法重见光明……可他们没有怨天尤人,依然能够乐观地活着。

这些病人,给了陶勇一种积极的力量,让他很快就接受了自己的现状。这是一场让人痛心疾首的悲剧,但对陶勇来说,又何尝不是一次成长。如今,他仍然活跃在眼科医疗的前线,用另一种方式传递着温暖,甚至重新拿起了手术刀。

陶勇难能可贵的地方在于,他解决了内心的冲突,接纳了自己,并重新洗牌,规划出了全新的未来,他成功地做到了与自我和解。

我们与自我和解的过程包括意识到内心的冲突,探索和反思这些冲突的根源,以及接纳和理解自己的情感与思维过程。这意味着个体需要意识到内心存在的矛盾或不一致,并积极地反思这些冲突的根源。通过探索内心的信念、经历和情感,个体可以更深入地理解这些冲突的意义。在这个过程中,接纳自己的感受和思维,以保持开放和宽容的态度,从而为解决内心的冲突打下基础。

你总是想太多，做太少

日本作家松浦弥太郎说过，那些经常困于不安和焦虑的人，对未来往往有"想太多"的毛病。

这也是我们产生负面情绪的主要原因：想太多。有个故事是这样的，曾经有个乞丐每天都去教堂祈祷，希望上帝能让自己中个大奖。他去得勤恳，风雨无阻，每天都和上帝讲述自己的人生多么悲惨。直到有一天，上帝忍无可忍，冲他大喊："让你中奖可以，但问题是你要先买一张彩票啊！"

这个冷幽默的小故事告诉我们，你想要吃果子，就得先种棵果树，否则每天东想西想，到头来也是竹篮打水一场空。

有时候，我们感觉无法与自己和解，常常是因为我们过分纠结于思考、担忧和犹豫，而忽视了行动的重要性。解决这个问题需要我们去做一些实际行动和积极的思维调整。

陷入自我纠结的泥沼只会将我们的情绪拉入消极的深渊。不再拖延和犹豫，将想法转化为实际行动，才是我们要做的。无论多小的一步，都比停滞不前要好得多。所以在下一次陷入不良情绪时，闭上眼睛，在心中默念几个数，然后深呼吸，睁开眼，勇敢地将事情处理下去。

拒绝拧巴的思维

张爱玲说："生命是一袭华美的袍，爬满了蚤子。"

总有这样的人，喜欢抱怨时运不济、生不逢时等，明明眼前就有宽敞的大路，却被自己堵死，偏盯着路上的坑洼看。这就是心理学中的反刍思维，也就是过度思考。

当我们过度关注自己的想法时，就会陷入迷茫。行为学家研究过关于果酱购买的信息，人们对某个品牌的果酱信息了解得越少，这款果酱销量越好。相反，当了解了果酱里五花八门的成分后，人们会被这些信息迷惑，选择也陷入拧巴的陷阱，是要买健康但不喜欢的果酱，还是买不那么健康但很好吃的果酱？

心理学家格尔德说：要在一个复杂的世界里做出正确的决定，你必须善于忽略信息。

信息越多越烦琐，就表示中间会掺杂很多无效的信息，想法也是如此，想得越多，无效的想法就越多。

史铁生年轻时就瘫痪在床，他一度拧巴无比，甚至想要自杀。但后来，由于母亲的照顾，他渐渐与自己和解，接受了现状。

他说："死，是一件不必急于求成的事。人活一天就不要白活，只要慢慢地去做些事，就能找寻到活着的兴致和价值。"

他不再被滚烫的想法折磨，而是换了一种方式，用文字来表达思想，他以幽默的文字讽刺命运，嘲笑死亡。手握一把烂牌，却打得十分精彩。

如果我们经常以拧巴的方式去思考，那不妨想一下，自己为什么会因为这件事情拧巴？要及时停下来，并且承认这件事给自己带来的负面影响。

正视事情的负面影响，比自我欺骗更有用。

要敢于剖析真实的自己

每个人都有自己不愿意面对的真实一面，悲惨的过往，失败的抉择，不堪的往事，可恰是这些，构成了现在的你。

有位来访者讲起自己的经历，他是从小乡村出来的，考上了名校，成了家里独一无二的存在。但到了大学，他发觉了自己的渺小和普通，他努力学习，成为成绩最好的学生，并顺利进入一家国企工作。但工作后，他发现自己一直以来都是按照大家对他的期待在走，根本没有想过自己究竟想要什么。

纠结之后，他选择了辞职，去英国留学，那几年的时间，他成了旅游博主，走走停停，领略了世界各地的美好。他说自己从未这么幸福过，这才是真实的自己，有些懒散，不愿社交，有些骄傲，不愿被规矩束缚。

他能够正视自己，清楚自己的状态和目标，因此获得了身与心的舒适。

而这一切的前提都是要敢于剖析自己：坦诚面对自己的情感，反思个人价值观，时常自省和自我观察，接受自己的阴暗面。做到这些，你就能够更全面地认识自己，并推动个人成长。

心理学家李松蔚说：和解是一种压力。问题不是问题，我们对问题的不接纳、对抗，或者执着于解决问题，才构成了真正的问题。

能够与自己和解，你就能获得真正的生活力量。

第十二课　应对孤独感的积极策略

现代社会中,每个人似乎都是孤独的,孤独地沉浸在自己的世界里。明明车厢里人潮拥挤,可冷漠的神情,与世隔绝的耳机,看着手机的眼神,无不弥漫着孤独。尤其是在成年之后,每个人的生活都写满了"不易"二字,压力越大,越容易产生孤独感,周遭的车水马龙、灯红酒绿,只会将孤独放大,直至无处盛放。

"孤独"这一表述,最早来自医学,用来表示人际交往以及情感表述方面的功能障碍。之后,美国学者罗伯特·韦斯提出,当一个人缺乏令人满意的人际关系时,会产生一种情绪,他将其称为孤独感。孤独是一种主观上的感受,是一种与社会群体割裂开的消极状态。

孤独的种类有哪些

我们将孤独分成三种,第一种是外界环境造成的孤独,称为"社会孤独"。

人是群居动物,一旦我们离开自己熟悉的环境,来到一个陌生的地方,孤独感就会油然而生。除此之外,一些人的故意孤立或者排挤,也会让被针对的人产生孤独感,这两种都是因外界环境变化而产生的孤独。

有一位朋友说,高中时因父母工作变动,她转学到了北方,她一个南方姑娘在北方非常孤独。虽然她很欣赏北方人的豪爽大方,可也有很多非常不适应的地方,她觉得食堂的饭盘太大了,她觉得洗澡的地方没有单间太别扭了,甚至连干燥温暖的室内她都觉得不舒服。种种不适令她产生了很深的孤独感。

这种状况一直持续了半年,直到她在学校交到了好朋友,并在大大小小的钢琴比赛中拿了些奖,这渐渐帮助她融入了集体,孤独感也随之一点点消散了。

第二种,是自身原因造成的孤独。三毛曾说:我们不肯探索自己本身的价值,我们过分看重他人在自己生命里的参与,于是,孤独不再美好,失去了他人，我们惶惑不安。

网上有一张孤独自测表格，按事项将孤独分成十个等级，最低级的孤独是一个人去超市，最高级的孤独是一个人去做手术。当我们不考虑测试目的，而是单独去看其中的事项时，像逛超市、去餐厅、去咖啡厅以及看电影，其实大多都是可以一个人完成的，即使有朋友我们平时也常常会选择一个人做一些事。

孤独感的强烈程度取决于个人的主观感受。有的人享受孤独，反而不愿意因为别人打乱自己的计划；而有的人，只要一个人待着，就会感到孤独，心理学家称这种感受为"情感孤独"。当情感需求得到理解和满足时，这种孤独感就会消失。

第三种，是成长带来的孤独。

在自传体小说《你当像鸟飞往你的山》里，女主人公从小生活在一个近乎病态的家庭里，专制的父亲不让她接受教育，暴躁的哥哥常常对她进行虐待，隐忍的母亲对一切都熟视无睹。女主人公想要摆脱这样的原生家庭，唯有偷偷读书。可越是读书，越是了解自己家庭的可悲，与家人思想观念上的距离就越远，女主人公的心理感受就越孤独。

成长总是伴随着孤独，像宫崎骏说的："不要轻易去依赖一个人,他会成为你的习惯,当分别来临时,你失去的不是某个人,而是你的精神支柱。无论何时何地,都要学会独立行走,它会让你走得更坦然些。"我们长大的过程,就是慢慢从熟悉的环境中剥离出来的过程,在这个过程中,我们不断向外探索,思想随之转变,与从前的环境在各个方面都会增大差异,自然会滋生孤独感。

自我关怀能够改善孤独感

徐志摩说:轻轻的我走了,正如我轻轻的来。我们来时是一个人,去时还是一个人,孤独,是相伴我们最久的情绪。不要惧怕孤独,通过认识自己来改变对孤独的认知,进而与之和解,改善孤独,也享受孤独感。

自我关怀是一种积极的自我认知态度,是一种当我们处在不利情景中时,对自己消极的状态能够保持开放和友好的态度,安抚负面情绪,关心自己的能力。通过自我关怀,我们可以正确认识孤独这种人人都会有的情绪,从而与它和平相处。

对待孤独和它所带来的痛苦，我们可以采取静观其变的态度，不评判，也不刻意忽视或夸大，心理学上称之为正念疗法。让我们静坐下来，跳脱出自己的身体，以旁观者的视角来审视自己。去回忆各个年龄阶段的自己，那些无助的时刻，或是努力为了梦想拼搏的时光。然后抱抱自己，感谢一直在向前走的自己。金无足赤，人无完人。自我关怀的过程就是接纳自己的过程，不要去评价自己，那些错误或误会，都是你人生的一部分。

除此之外，我们还要寻找支撑自己的信念。孤独时，会有一种自己处在全世界中却孤立无援的感觉，这时候，就需要支撑。这个支撑，可以是人，也可以是事物，一个你想起来就觉得温暖的人，一件回忆起来都能感到温暖的事情。

有位来访者分享了自己的故事。她独自一人来深圳打拼，每每想家，或者累到坚持不下去的时候，就拿出奶奶给自己缝的香包。密实的针脚，略微粗糙的质感，都让她感到心安和温暖，心底的孤独感也散去大半。

蒋勋在《孤独六讲》中写道："孤独是一种沉淀，而孤独沉淀后的思维是清明。孤独也意味着一段难得的独处时光，我们可以利用好这个时间，充分审视自己，理清思路，看清脚下的路和身边的人，为日后的人生做好规划。"

排解孤独的几种方法

孤独并不一定是无法忍受的，有时候，孤独也能够教会我们该如何与自己相处。掌握排解孤独的方法，也是掌握了一种自我提升的方式。

1. 寄情于物。

当人专注于某一事物的时候，可以进入"心流"状态。这种状态下的个体不愿被外界打扰，精神高度集中，会有很强的兴奋度和充实感，如此一来，就算是一个人待着，我们也不会感到孤独。比如说阅读时我们就很容易进入"心流"状态。

当你读书的时候，能够置身书籍的世界之中，感受阅读的力量。很多朋友都表示，自己在家看小说的时候，不知不觉一天的时间就过去了，根本不会感到孤独，反而很享受一个人的时间。

因此，想要排解孤独，我们可以培养一个兴趣爱好，当然这需要是一个积极且促进心灵成长的爱好。明代文学家张岱就说："人无癖不可与交，以其无深情也。"这里的"癖"就是兴趣爱好的意思。没有任何爱好的人，往往缺乏深情厚谊，与之深交需谨慎。

2. 丰富内心，独立于世。

实际上，很多人对生命的思考，都是在孤独时萌生的。作家梭罗的《瓦尔登湖》就将孤独上升到了美学的境界，一个人在林间小屋里生活，远离城市的繁华和世间的喧嚣。当我们不再惧怕孤单时，就是能够坦然接受独处这一事实的时候，也就是我们有大把的时间去思考人生的时候。

周国平说："无聊者自厌，寂寞者自怜，孤独者则自足。"孤独将会和我们相伴一生，与其扬汤止沸，倒不如顺势而为，做个享受孤独的人。

3. 行动起来。

前两个方法是心理层面的，第三个则是具体的行动，有孤独感的人可以积极参加社交活动，先选择与相熟的人同行，再试着和不熟悉或陌生的人聊天，建立新的人际关系。

从出生到死亡，孤独感一直在我们左右，但这并不是软弱的表现，而是我们对社会关系的一种需求。

这也是为什么当我们拥有良好的人际关系后,孤独感便会减轻。

孤独,并不单单是无人问津的悲凉,也可以是默默无闻的坚持。只有感受到孤独,才能够学会珍惜相聚和团圆的美好,这也是人生的重要课题。

第十三课　掌握舍与得中的精神哲学

贾平凹曾说：会活的人，或者是取得成功的人，其实都懂得两个字，那就是"舍得"。

"舍得"这个词，由两个字构成，一个"舍"，一个"得"。

在佛教中，僧人们布施，供养，这都是舍。很多普通人，不愿意去舍，只想着得。可要是人人都想着得到，那就是人人都得不到，因为如果没有人去舍，那也就没有机会得到。

不舍不得，小舍小得，大舍大得。每个人都有欲念，尤其是面对现在这个诱惑特别多的社会，有的人毫无节制，被欲念控制，有的人则及时止欲。

稻盛和夫就说过："其实欲望本身不是罪恶，凭借欲望毫无节制为所欲为才是罪恶。"

你不必把所有东西都握在手中

有时候，事情太多了，我们反而哪一件也不想做，也做不好了。这就像修路一样，生活中，每当一些城市的街道发生堵车后，就会开始修路，可让人疑惑的是，路多了，反而堵得更厉害了，而路少的时候，堵车并没有那么严重。

有个真实的案例，发生在旧金山一个叫作恩巴卡德罗的海滨小城，在"二战"后，国家修了一条直通小城的双层高速公路，然而，这条高速公路并不实用，它不仅和周围的环境格格不入，还影响了当地居民的生活，于是大家开始讨论该如何处置这条公路。

有人提出拆掉，也有人认为公路一旦没了，上班通勤，以及周边的店铺势必会受到影响，持不同观点的两方闹得不可开交。持续了几年后，政府决定还是把这条双层高速公路拆掉，改成一个公园，但让所有人大吃一惊的是，路少了，不仅没有耽误上班族的通勤，因为环境变好了，周围店铺的生意也更好了。

这就是一个典型的"舍得"案例，舍去了公路，得到了良好的生态环境和更高的收入。

而人的情绪也是如此，若是事情太多，便会产生焦虑，不知道该做哪一件，少做一件都会引发别的负面情绪。人的精力和时间都是有限的，想要在有限的条件里做好每一件事情本身就不可能。

把精力和时间花在最有必要的事情上，才是最明智的选择。人最怕的就是想做的事情千万件，最后一件都没有成功。这时候，要减少做的事情，按照轻重缓急重新计划，每天不要多，先完成三件事情。一旦计划如数完成，焦虑感就会减少，还会相应提升个人价值感。

舍弃过多的事情，能够得到成长和积极的情绪。来访者李娟是位老师，她除了教学工作还有很多杂事，又很想在工作中证明自己的能力，班主任、活动组长她都积极争取去做。慢慢地，吃饭不准时、作息不规律和长期的精神紧张，使她的身材走样，健康也亮起了红灯，她最终在一个深夜进了急诊。

这时，李娟才意识到自己该舍弃一些东西了。于是她辞去了教学以外的所有职务，并在工作之余安排健身计划，增强身体素质，另外，她还去学习了插花。一年之后，再见李娟，她整个人瘦了下来，精神好了，情绪也很积极。李娟舍弃了一些工作，得到了健康和快乐。

我们每个人只有一个篮子，不要想着一次性把篮子装得很满，那样很容易将篮子撑坏而失去所有。事情要一件一件做，学会放弃一些事情，专注一件事情，给自己留下休整的时间，如此才能长久而稳定地生活下去。

做少事，多成事

我们都熟知"猴子捡西瓜"的寓言故事，猴子先拿着玉米走，看见桃子后，丢了玉米捡桃子，之后又丢了桃子去抱西瓜，然后看见一只小兔子，又把西瓜丢掉去追兔子。最后，猴子没追到小兔子，捡的东西也都丢了。

这只小猴子就是一直在办事，但从未成事。我们身边也经常有这样的人，什么事情都满口应下，但真正做成的却少之又少。这类人往往有以下特点：计划很丰满，但执行力为零。

没有执行力的人，经常是睡觉前想好了未来要走的一千条路，但一睁眼，还是走着原路。所谓计划，仿佛是为了让自己心安而制订出来的。

也有一部分人有一定的执行力，可又有些好高骛远。一位身为大学教授的朋友抱怨说，他给大四的学生推荐了一个实习的工作，没过几天，学生打电话说工资给得太少了，还不够在北京租房子。

朋友惊讶，因为这家实习公司每月给实习生发6000块的工资，这已经是很高的待遇了，想当初他没有工资也努力抓住工作机会。这个学生让朋友非常气恼，他说这样眼高手低的孩子，以后有机会也不会想着他了。

不成事的另一个特征是三分钟热度。随着现在知识付费的兴起，学习各种技能的门槛变得很低，只要点击报名，缴费就能够学习。

但问题是，很多人买了课之后，没坚持几天，发现这和自己想的不一样或者比预期要难，就会放弃学习。这样的人很难成事，所以，我们在生活中，不要想着自己要去办多少件事情，而是既然开始了一个任务，就要想尽办法去完成它。

除此之外，办事但不成事的人，还有一个特点就是能力不足。

不要总想着一口吃个大胖子，做事情一定要从自己的能力范围内开始做起。只有当能力量变到一定程度后，才能够引起质变，这就是成长，那时你就有更多的选择，能够成更多的事。

做事时我们应该量力而行，拒绝空想，将计划变为行动，追求完成度，重质而非量，专注于手头的任务，切忌这山望着那山高。

只有舍去力所不能及的部分，才能通过实践，得到力所能及的部分。

学会坦然面对得失

汪国真说：生活就是这样，你所失去的，命运会用另一种方式补偿。桂花枯萎的时候，菊花又亮秋装。

人活一生，就要知道，这世间并不是所有事物都能称心如意。小时候，我们总有想得到的玩具和食物，有的人得到了，有的人终其一生没有得到。得到并不代表幸运，没有得到也不代表不幸。得到之后，人们会有新的欲望，没有得到的人也不必执着一生。人生就是这样，与其患得患失，小心翼翼，不如大方坦然面对得失。

有时候,那些不如意的事情也能够教会我们:面对现实,珍惜所拥有的。

出生于印度尼西亚的华人首富之女黄蕙兰,就用一生诠释了这个道理。她有兄弟姐妹42人,父亲最宠爱的就是她,她自小就会说多国语言,受到高等教育,家里吃穿用度,已经不是"奢华"一词能够形容的。她的生活,比一国公主都要奢侈。

之后,黄蕙兰嫁给了外交官顾维钧,凭借一身才华,成为外交史上令人眼前一亮的存在,甚至被外国王公使臣称为"远东最美丽的珍珠"。然而,黄蕙兰晚年时遭逢巨变,与丈夫离婚,父母逝去,家财散尽,她独自生活着,自己做饭,自己打扫房间,却没有半点落魄的模样。

她热爱的钻石,说不戴就不戴了,受万人瞩目的位置,说不要也就不要了。从光彩夺目的万丈高空骤然跌下,依然能够将平淡的生活继续下去的这份坦然,是许多大人物都不能比拟的。

黄蕙兰便是懂得舍得,她抛掉欲望,坦然面对一切得失。

卡耐基曾说过:我们在生活中获得的快乐,并不在于我们身处何方,也不在于我们拥有什么,更不在于我们是怎样的一个人,而只在于我们的心灵所达到的境界。

当你紧握双手的时候,里面什么也没有,当你打开双手的时候,世界就在你手中。当你能够正视自己的欲念的时候,舍便是得。

第十四课　将现在的错误变成今后的动力

"我真的太差劲了,把一切都搞砸了,我根本不适合这个工作!"

"我怎么什么都做不好,这次考试又失败了!"

生活中,总有不断自我否定的人存在,面对这些诉苦时,你的任何安慰都变得无效。从心理学的角度来分析,这样的人是陷入了自己的情绪当中,这与一个小孩突然大哭,大人们怎么劝说都没有用是一样的。

常常自我否定的人,大多认为自己不够优秀、能力不足,内心总有一个声音在说"我不配",稍微有一点错误,就会被放大到否定自己的人生。

有位心理医生分享了她的一位来访者的故事。这位来访者是个十足的学霸,从小到大一路顺风顺水,考入名牌大学,现在毕业在即,却因为考研失败而陷入深深的焦虑和自我否定之中。

学霸从小到大都在按照父母的意愿去学习，去生活，原本很有把握的考研却落榜了，父母非常失望，指责她没有用心学习，一定是因为贪玩懒惰才落榜的。在父母的批评中，她觉得自己糟糕透顶，甚至开始怀疑自己存在的价值。

心理医生表示，学霸许多的负面情绪都来源于无法停止的自我否定。一方面是因为她对自我价值的评价标准，全部来自父母对她的评价，而非事实。她要正视的问题，不是一次失败的考试，而是如何摆脱父母的评价对自我评估的干扰，重新树立正确的以本人观念为主导的价值评判标准。

另一方面是因为从前一直保持在高位的成绩和过于一帆风顺的经历，使她形成了较强的自尊心，这让她在面对较大挫折时难以正视自己的错误，缺乏重新站起来的经验。这个措手不及的打击令她一时难以调整心态，陷入了持续的自我怀疑中。

所以，这一课我们要说的就是如何正视自己的错误。第一，承认错误，是正视错误的第一步；第二，今日终成过往，向前看才是关键；第三，处理已经发生的错误。

承认错误,是正视错误的第一步

宋代文学家苏轼,才华横溢,文章出彩,诗词也作得好,曾官拜礼部尚书。不过,再博学多才的人,也有自己的盲区,苏轼自然也不例外。

据说有一次,还是翰林学士的苏轼前去拜会宰相王安石,不巧王安石外出办事,苏轼就在书房等候。等候期间苏轼瞧见书桌上有一首咏菊诗,不过这诗还未完成,只有前两句:"昨夜西风过园林,吹落黄花满地金。"

苏轼看了之后,心里暗自一笑,心想:"西风"是秋风,"黄花"就是菊花,而菊花从不娇气,耐旱耐冻,区区一阵秋风,怎么会吹落满地?这简直就是笑话。思及此处,苏轼不客气地提笔加上后两句:

"秋花不比春花落,说与诗人仔细吟。"

苏轼本想与王安石再探讨一番,但迟迟不见他回来,也就起身离开。而王安石回来看到苏轼的补充,不由得觉得好笑,摇了摇头,并未放在心上。

一段时间后,苏轼被贬到黄州去当团练副使。九九重阳这一天,苏轼随友人去赏菊,看着大风过后,残菊满地的萧瑟景象,苏轼惭愧不已,赶忙给王安石写信认错，他的知错就改也成为一桩美谈。

人非圣贤，孰能无过。意识到错误后主动认错也是一种不可多得的智慧与能力。子贡曰："君子之过也，如日月之食焉：过也，人皆见之；更也，人皆仰之。"这句话说的是，君子的过错如同日食月食一样，犯错时，人人都能看到，但改正时，人人都会仰望他。

能够承认错误，也是一种坦然面对自我的表现。在《你为什么不道歉》这本书里，作者写道："认清自我也是对自己的尊重，有了这种自尊，你才能承认会做错事，不会产生道歉就低人一等或被人超越的感受。"

今日终成过往，向前看才是关键

北京大学校长林建华在120周年校庆上发言时，一不小心将"鸿鹄"念成了"鸿浩"。一石激起千层浪，林建华的错误在网络上引起了热议。

尽管也有很多人想为林建华正名，觉得可能他想表达的是其他意思，但很快，林建华自己就承认他确实是读错了。他坦然地说:"我还真的不熟悉这个词的发音,这次应当是学会了,但成本的确是太高了一些。"

林建华的做法赢得了网友们一片叫好,直呼这才是北大精神。人无完人,每个人都会有犯错的时候,但重点在于犯错之后该如何面对。面对错误的时候,我们要相信,"从前种种,譬如昨日死;从后种种,譬如今日生。"正视错误,勇于改正,今后才能沿着正确的道路走下去。

众所周知,乔布斯是个典型的完美主义者,他对产品要求严格,会把关所有的细节。但在2000年的时候,他设计的一款产品还是出现了问题。有客户反映产品的塑料外壳有缝隙,不仅破坏了整台机子的设计美感,而且缝隙里经常会钻进去虫子。时间一长,两条透明的支架里就挤满了小虫子的尸体,使用体验非常糟糕。

事情一发生,乔布斯便迅速叫停了这一产品的生产,并快速做出应对。他知错认错,并及时改正的态度使得品牌及时止损,也为日后更大的成功埋下了伏笔。

英国诗人马罗说:永远不要因承认错误而感到羞

耻，因为承认错误也可以解释作你今天更聪敏。不要惧怕错误，它是让我们成长的养分。智者不会纠结于错误，而是承担后果，微笑前行。

处理已经发生的错误

曾子说："吾日三省吾身：为人谋而不忠乎？与朋友交而不信乎？传不习乎？"

自省，现在我们常常称之为复盘，是帮助我们发现、正视错误的一大法宝。

每天的复盘有多重要呢？心理学上有个现象叫"破窗效应"。一栋再豪华精美的房子，只要有一扇窗破裂，如果不去修复它，很快这栋房子便会成为废墟。一个看似微小的错误，如果不闻不问，不及时纠正，那就是在纵容更大的错误发生。事情发生时我们总有些当局者迷，而过后复盘会使我们作为旁观者看清本质。

那么如何进行复盘呢？最简单的方法就是在每晚睡觉前腾出 15 分钟的时间，将今天自己所做的事做一个整理，然后从旁观者的角度去分析这些事，看看今天的时间和精力都花在了哪里，不妥之处引以为戒，最后进行总结和展望。

正如任正非说的那样：一个懂得自我批判的人，才能成就大事。我们应该让复盘成为自己的一种思维方式，及时纠错，总结经验，为未来铺路。

第十五课　敏感是一种独特的财富

说起敏感，很多人都会想到一个神经兮兮、多思多疑的形象，或者是一个脾气火暴、一点就着的人，总之多少都会有点病态。

敏感在词典中的解释是：生理上或心理上对外界事物反应很快。《高敏感是种天赋》这本书里说："高敏感型人拥有发达的神经系统，可以感知到事物细微的差别，并对信息进行深入的加工。"

由此可见，敏感并不是一种疾病，而是一种能力，若运用得当会事半功倍，控制不好便会伤人伤己。

高敏感人群的特征

敏感性，是一种人格特质。作为人格测试的一个评估维度，它的高低并没有好坏之分。

高敏感人群（HSP），据统计，在人群中占比大约为20%。最早提出这一概念的伊莱恩·阿伦博士给出了这个群体较为突出的四个特征。

第一点是更偏好对信息的深度加工。自身敏感性高的人，倾向于更全面地了解事件相关信息，以及更加深入的思考。以购物为例，这类人往往更喜欢货比三家，在逛完商场里的所有同类店铺后，仔细对比产品的各个方面，然后再做决定。

第二点是更容易被过度刺激。在接收到相同强度的外界刺激后，高敏感人群会产生更强烈的感受，过后对同类的刺激的反应也会更强。同样是犯了错误，被领导批评以后，高敏感人群会有更强的羞耻感，下次再遇到同样的情况，会更加注意避免犯错。

第三点是有更强的同理心。高敏感人群在看到表情的照片时，无论表情传达的是积极情绪还是消极情绪，都会比低敏感人群感受更强。在生活中，这一点表现为看电影遇到悲伤的情节更容易随之落泪，听到别人的笑声更易被感染。

第四点是感知更细微。这一点也是高敏感人群特质的核心。正是因为他们本身感知觉更加灵敏，对细节的觉察能力比常人更强,所以总能注意到旁人忽略的小事。

综上所述,高敏感人群更加细心,对自身和环境中的情绪感知力更强,相应的反馈机制也会更强烈,对待问题更倾向于进行全面深入的思考后再做出行动。

积极敏感和消极敏感

较高的敏感性,会为我们带来积极和消极两种不同的影响。积极方面体现为超强洞察力、想象力和创造力。很多电影导演都充分利用了敏感性积极的一方面,像克里斯托弗·诺兰,凭借强大的创造力和想象力拍摄了《盗梦空间》《星际穿越》等大片,还有《泰坦尼克号》《阿凡达》的导演詹姆斯·卡梅隆,以及李安导演等。

他们能够比常人感知到更多的细节,可以说是完美主义,也可以说是考虑事情更全面。

消极敏感,则表现为多疑、忧郁和易怒。小说《红楼梦》中的林黛玉就是一个典型的消极的高敏感者。

林黛玉的细致和创造力使得她的才情在书中无人能出其右。她的洞察力和同理心使她成为宝玉最重视的知己,且她总能一针见血地指出宝玉的问题,令他心服口服。而她愈发消极的处世态度,则令她渐渐成为一个整日猜忌、郁郁寡欢的人,最终早早香消玉殒,令人惋惜。

消极的敏感对个体伤害极大,也是我们需要警惕的一种情绪。阿德勒说,过度敏感的人,在意识层面认为多思考他人表达的意思,是对他人的尊重,以及对关系的负责,其实潜意识里,特别在意他人的看法,却很容易因为某句话、某个表情就沦陷了。

如何将敏感情绪转化为积极力量

如果你恰好是一个敏感的人,那也不必忧心,学着去放大敏感的优势,减少劣势,定会找到属于自己的人生之光。

首先,要知道,不是情绪决定认知,而是认知决定情绪。

看到鲜花盛开,积极的人看到了花的美丽和芬芳，而消极的人则想到了花的凋零；开始一段新的恋情，积极的人享受爱情里的美好，哪怕短暂，也甘之如饴，消极的人则从点滴中寻找爱情终极的线索，还未开始，就已经想到了千百种分开的结局。

这些消极、负面的情绪，都是源于我们对信息的选择和认知，改变消极的认知，才能消除敏感的负面影响。

其次，不要让情绪控制自己，多多倾听内心的声音。

乔布斯说："人都是被自己打败的，而且首先被自己的情绪打败。"乔布斯能有今天的成绩，正是因为他最终做到了将自己的敏感天赋放到最大，并且不被情绪控制。

之前我们就说过，一部分人的情绪开关掌握在别人的手中，这也是敏感人群的特点。每当这个时候，我们就应该对自己说："我的情绪为什么要让别人影响？"或者"我才是老大，区区一个情绪怎么可以上位？"

像韩信，忍得胯下之辱，才能在日后成就一番大业。人有情绪是本能，能控制情绪却是一种本领。这也是我们每个人该学习的本领。要重视自己内心的声音，不要一味地迎合他人，人生一定要先取悦自己才行。

最后，就是适当培养钝感力。

钝感力是日本作者渡边淳一在其《钝感力》一书中提出的概念，意为一种对周遭事务不过于敏感的能力。

这里有几个帮助我们提升钝感力的建议：

1. 不要将他人的情绪归因到自己身上。
2. 培养自信的思维方式。
3. 主动暴露自己于新的、不熟悉或挑战性的情境中。
4. 适时地面对自己的恐惧和压力，而不是回避它们。
5. 在面对困难或挑战时，不要让情绪左右你的判断力。

通过提升钝感力，可以适当抵消过高的敏感性带给我们的影响。

愿每一个高敏感的朋友，都能够善用这一天赋，成为更好的自己。

第十六课　将嫉妒心转化为进取心

马克·吐温说:"一旦你以他人的成就来衡量自己的幸福,那么除了不幸,你就别无所得。"

嫉妒是人际关系中非常普遍的一种心理状态,通常诞生于比较之中。比如在生活中,当看到别人比自己幸运,或者比自己优秀时,我们或多或少会产生焦虑、悲哀、消沉、敌意等负面情绪,这就是嫉妒。

人类在自我发展的过程中,认知、思维等功能在不断完善,不断升级,但同时也滋生了很多阴暗面,嫉妒便是其中之一。在当今"内卷"的社会上,人与人之间的比较无处不在,只要产生比较,自然就会有嫉妒的存在。

作家周国平曾说:"毁谤的根源是懒惰和嫉妒,因为懒惰自己不能优秀,因为嫉妒而怕别人优秀。"

有个故事这样讲,有一位哲学家深受国王欣赏,画家便心生嫉妒,在哲学家生日那天,画家专门将其画得十分丑陋，惹得国王非常生气。但哲学家却说："画家画上那个丑陋的人确实是我，而我终生都在与这个丑陋的自我做斗争。"

哲学家的这番话富有哲理，虽然画家发泄了心中的嫉妒之情，但他也把丑陋的自己暴露出来了。

当我们处于嫉妒情绪中时，往往会否定自己的能力，认为自己不够优秀、不够出色，这种情绪是极其消耗精力的。此外，高度的嫉妒情绪也会让我们失去自己的判断力，甚至做出一些出格的事情，导致我们无法持续地追求自己心中的理想和目标。

嫉妒心产生的原因

就算是理智的人，有时也无法抵挡嫉妒的力量，甚至还会被嫉妒所带来的负面情绪击垮。

那么嫉妒心究竟是怎么产生的呢？这方面的内容至今都没有定论，有学者认为嫉妒与生俱来，也有心理学家认为，嫉妒是童年时期慢慢形成的一种心理。我们就对普遍都认同的成因来简单阐述一下。

第一点，缺乏自信心。一般我们嫉妒的人，都是比自己优秀的人，或者是在某一个方面超过自己的人。当我们看着对方，凝视着别人比我们优秀，比我们擅长的地方时，就会产生一种自卑感，严重打击自信心，进而变得意志消沉。虽然我们很了解两人之间的差距，可不想面对现实，也不愿承认这个差距是客观存在的。

有位来访者讲述了自己和好友一起去学习古筝的故事：好友长得高挑漂亮，学习能力也强，很快就把一首曲子流畅地弹奏下来了。而自己则很普通，不仅学得慢，而且弹得磕磕绊绊。这种比较之下，她的嫉妒之心便不由自主地生了出来。虽然她也知道这样的情绪不好，但还是抑制不住嫉妒的火苗在心里滋长。

第二点，爱跟他人做比较。嫉妒正是来源于自己和他人的比较，没有比较就没有嫉妒。很多时候，嫉妒的对象不一定是各方面都很优秀的人才，有可能是平时样样不如我们，结果突然在某一方面超越了我们，这样也会激起我们的嫉妒心。

在小说《飘》里，漂亮迷人的斯嘉丽，是小镇里人见人爱的美女，她自认为没有自己得不到的男人。然而，她最想得到的艾希礼却爱着梅兰妮。斯嘉丽觉得梅兰妮长得很丑陋，用她的话来说，梅兰妮长着一张鸡心脸。明明长相不如自己，却得到了艾希礼的爱，这让斯嘉丽很是嫉妒。在嫉妒心的驱使下，斯嘉丽做了很多荒唐事，甚至还错过了聆听自己内心声音的机会，让真正爱着自己的人受伤。

张德芬老师曾说："欲望加上恐惧就会造成攀比，攀比而不知足就会走向无可救药的贪婪，人生就失去了甜美的滋味了。"

这就是由比较而产生的嫉妒。

第三点，争强好胜的性格。这种性格的人无论做什么都喜欢当第一名，要是没有拿到自己想要的名次，就会对比自己强的人产生嫉妒心理。

这种性格在孩子身上尤为明显。小朋友输了比赛，却不甘心，抱着第一名的奖杯或者礼物不撒手。孩子身心发育还不够成熟，无法坦然面对输赢，这就需要孩子父母进行引导和教育，帮助孩子建立正确的输赢观。

曾国藩非常坦然地面对自己的嫉妒之心，他自我分析，自我反省，认为嫉妒是"名心太切"导致的，是心病，应该治疗。他的方法有三：勤奋，淡然以及读书。

嫉妒的起点，是我们对自身脆弱的担忧。正是因为看到了自身的不足,看到了自己与别人的差距,才会有嫉妒的产生。

嫉妒不是坏事

嫉妒虽然会给我们带来坏的影响,但适度的嫉妒可以激发人的斗志和创造力,同时也可以引导人们进行自我反思和成长。

例如,在工作场合,当我们看到同事取得了卓越的成绩并受到上司的表扬时,我们可能会感到一丝嫉妒。但如果我们能够正确处理这种情绪,把嫉妒转化为动力,我们就会更加努力地工作,争取取得更好的成绩。

再比如,当我们看到别人拥有我们所渴望的生活方式、工作机会或成功模式时,我们也会自然而然地产生嫉妒。但如果我们能够把这种情绪变成学习的动力,就可以从他们的成功故事中汲取经验和教训,了解他们成功的原因,然后根据自己的实际情况加以改进和实践。

适度的嫉妒可以提高我们的自我意识,促进我们的成长和进步。但是，如果我们过度沉溺于嫉妒之中，就会陷入消极的情绪中，甚至可能导致失败。正确处理嫉妒情绪，把它转化为进取的动力，才是明智的选择。

嫉妒是进取心的原动力

心理学上讲，大多嫉妒都是由羡慕引起的，通过比较而产生的一种企望之情，不过两者导致的结果不同。嫉妒很可能会导致攻击他人，羡慕则会激励自己向这个羡慕目标靠拢。

所以，将嫉妒心转化成进取心的第一点，就是要看到并欣赏别人的优点，让嫉妒转变为羡慕，并为之努力。

比如，如果我们嫉妒他人的事业成功，我们可以尝试更加努力地工作和学习，提高自己的能力与竞争力；如果我们嫉妒他人的健康生活，我们可以加强自己的锻炼，注意饮食健康等方面。我们可以把嫉妒情绪转化为一种动力和激励，让它成为我们不断前进的推动力。

每个人都是不一样的，拥有着自己独特的人生历程和发展轨迹，这也是我们自己和他人之间的不同之处。没有必要在不同的路上，在不同的时间点上进行竞争，也没有必要抱怨别人过于幸运或成功，而是要专注于走自己的路。逐渐实现自己的梦想和目标，不断发掘自己的优缺点，听从自己的内心，做最好的自己。

总结起来，嫉妒情绪是人性中的一部分，我们不能否认自己曾经产生过这种情绪。但是，我们可以学会以正确的方式处理这种情绪，不让它影响我们的生活，把嫉妒情绪转化为一种潜在的动力和动机，让自己在这个方面得到提高和发展。相信自己的能力，在不断前进中实现自己的梦想和目标。

第二部分

外在的情绪管理

第一课　相信成功离自己很近

心理学中有一条著名的定律——吸引力法则,指的是当你的思想集中在某一领域的时候,跟这个领域相关的人、事、物就会被它吸引而来,你的心思集中在什么地方,你就会得到什么样的未来。

有位作家曾经说过:"先相信你自己,然后别人才会相信你。"

所以你如果想要成功,首先要相信成功离自己很近,信念的力量远比我们想象中强大。

那我们该如何具体操作呢?

否定自己是因为你在惧怕挫折

"我肯定不会成功的,这件事对我来说太难了……"

"失败太可怕了,别人有从头再来的勇气,我直接一跪不起。"

这些话是否看着很熟悉?

当下,生活的压力越来越大,人们的负面想法也越来越多。

"只要不去做,失败就找不上门。我知道这样很消极,但我就是不敢去做。"来访者小张如是说。

小张现在年过三十五岁,仍是赋闲在家。他的家庭条件算得上优渥,但是却让他变得像温室的花朵一样不堪一击。

上大学的时候,他想在老家创业,做新型农业设备。前期经历了各种磨难,连投资人都已敲定,就差临门一脚时,他父亲问了他一句:"万一失败了怎么办?"

这八个字给了他当头一棒。他辗转反侧,纠结了一晚上,最终还是放弃了。

其实家里也已给他备好后路,为何他可以如此轻而易举地放弃?他说,他害怕失败。后来他自己发现过好多商机,每次都是一样,因为害怕失败没有去实行,结果错失了许多机会。他的想法,永远只停留在"想"这一层面上。

这样的他,也是万千人身上的一个小小缩影。

的确，面对挑战，一时的畏首畏尾虽然能够换来片刻的安宁，却容易让我们陷入更长时间的懊悔中。

勇敢的人并不是感觉不到畏惧的人，而是征服了畏惧的人。

那些不相信自己能成功、害怕失败，做事情瞻前顾后的人，本质上是惧怕挫折。

这是正常的心理状态，但是过犹不及，过多地害怕失败，会抑制自身的行动力。

很多时候都是自己想太多了，把一切看得太复杂。

要克服这种害怕失败的心理，首先要正视问题的本质。不要总是想着去逃避。相反，我们需要以坦然的心态去面对，不要畏惧任何结果。

在过往的经验中，太多的人和事告诉我们，结果是行为过程的产物，越执着于结果，越难以将问题看淡。

鼓励自己多去尝试，不要害怕，享受去做的这个过程。

如果能以这样的心态面对挑战，那么，我们就不会惧怕挫折，甚至更容易将事情做好，离成功也会更近一步。

最后，学会迎难而上。

泰戈尔曾说过："你应该不顾一切纵身跳进那陌生的、不可知的命运，然后，以大无畏的英勇把它完全征服，不管有多少困难在向你挑衅。"

拜倒在困难之下还是征服困难，皆取决于我们自己的信念。很多时候，我们离成功只差那一股超越恐惧的信念。

沉没成本不是成本

沉没成本，这个词近年来频繁出现在大家的日常生活中，人人避之不及，唯恐落入沉没成本的陷阱。

通俗点说，沉没成本是已经付出的代价，无论是否继续投资或采取行动，这些成本都无法收回。

这个名词来自经济学，当人们面临决策时，常常会受到过去投入的影响，而将已经花费的时间、金钱、资源等视为考虑因素。但从理性决策的角度来看，沉没成本应该被视为无关紧要的成本，因为它已经无法改变，所以不应该影响当前和未来的决策。

不得不承认，我们总会做出错误的选择，并对我们的生活造成不利的影响和损失，然而在赌徒心理的驱使下，我们幻想通过某种手段，能够减轻自己的损失，所以我们不愿轻易放手。

其实沉没成本并不像它的字面意思那样，它实际上是人为了合理化自己的投资行为而形成的一种心理预期，也是造成当局者迷的一个重要心理谬误。

有这样一段观察样本：在一段恋情里，男方对女方投资较多，在这段感情的起始，男方得到了足够的满足，他选择了继续持有。

突然有一天，女方出轨了，男方十分痛苦。这时男方的满足感已经小于零，很明显，男方这时应该选择放弃持有。

由于男方在先前投资太多，且没有达到男方心目中的预期，这时放弃会造成大量沉没成本，所以男方开始合理化他之前的大量投资，认为这个女生值得他投资这么多，她会重新变好的。

因此即使男方知道女方出轨，每天都承受着痛苦，他也不愿意放手。

太过惧怕沉没成本，反过来被它操控了情绪，反而得不偿失。

许多所谓无视沉没成本的方法，其实是用大量的时间与精力，将自己培养成一个几乎完美的理性决策机器。

作为普通人,即使知道这个道理,沉没成本造成的心理痛苦依然存在,我们仍然无法做出利益最大化的选择。

考虑沉没成本是人的本性,但在日常生活中,如果一直盯着沉没成本不放,反而会带来更大的痛苦。

借用罗曼·罗兰的一句名言:"世界上只有一种真正的英雄主义,那就是认清生活的真相后依旧热爱生活。"

代入沉没成本也一样,既然它无可避免,无法忽视,那我们就认清它,掌控它。

在沉没成本的废墟上重建自我生长的成本,比继续原地踏步投入的成本要小得多。不将沉没成本视作成本,也就不会落入被它牵着鼻子走的陷阱中。

要有失败者的逻辑,但不能有失败者的心理

著名小说家巴尔扎克曾经说过:"苦难对于天才是一块垫脚石,对于能干的人是一笔财富,对于弱者则是一个万丈深渊。"

对于不可避免的困难，我们只能面对，并且将之化为动力。

我们需要摆脱过去失败的伤痛，将每一天都变成一个新的起点。可以选择在每个环节注意自己可能会犯下的错误，提升自己的判断力，增加自己的成功概率；更要学会打破失败的逻辑，而不是一直沉沦在失败者的心理中。

学会从失败中总结经验教训，这才是失败赋予我们的真理。

知乎有位匿名网友说过一段她自己的亲身经历：当年她与大学室友约定一起考研，虽然通过了初试，但在复试过程中，她遗憾出局。

那几天，她郁郁寡欢，毕业以后，她下定了决心："我要继续奋战。"

考研二战的她，吸取了头一年失败的教训，并且有了第一次的经历，她反而在面试中展现出了落落大方的一面。终于，她如愿以偿，考上了心目中的理想大学。

日本作家松浦弥太郎说："与其执着于优秀，不妨让自己拥有不逃避任何事情的勇敢。不惧失败，果断地推进工作，让自己尽快成为那个敢于面对一切的勇者。"

失败不是为了让自己堕入黑暗,而是在千锤百炼中塑造金石般的身心,让我们去触摸成功。

其实,人们获得成功的一个关键点便是需要学会面对失败。

如果对于这次的失败,不吸取教训,不总结复盘,不提升自己,那很可能下一次也会失败,而且会一直失败下去。

让我们变强的方法,是在面对困难和挫折时,复盘总结经验,打破自己的失败者逻辑,寻求新道路,而不是一味沉浸在遭受失败就一蹶不振,陷入"一朝被蛇咬,十年怕井绳"的失败者心理中。

实践法则

凡事都有其方法,通向成功的道路也不例外。我们根据过往的经验,总结了以下几条成功的方法,但愿对你有帮助。

- 寻找你的目标并付诸行动

人这一辈子,不管做任何事,都需要有一个目标，来引领自己前进。

这个目标，最好是在你足够喜欢的领域，而不是盲目做出的决定。

对于这个目标，你可以这样做：

自我反思：花些时间反思自己的价值观、兴趣、激情和优势。思考你希望在生活中实现什么，你对自己和他人的期望是什么，以及你真正重视的领域是哪些。这将有助于确定你的个人目标。

设定明确的目标：确保你的目标具体、明确和可衡量。将大目标分解成更小的里程碑目标，以便更容易管理和衡量进展。确保你的目标是可实现的，但同时也要有一定的挑战性，激发你的动力和成长。

制订行动计划：为了实现目标，制订一个具体的行动计划。列出需要采取的具体步骤、资源和时间表。将大目标分解成可行的任务，并为每个任务设定截止日期。

坚持和调整：在实施行动的过程中，保持长期、持续的努力。接受挑战，但也要灵活调整计划。根据需要进行调整、学习和成长，并持续评估自己的进展。

找到目标并实施行动是一个动态的过程。随着时间的推移，你的目标可能会改变，你可能需要重新评估并调整行动计划。持续保持目标导向的心态，不断学习和成长，你将更有可能实现自己的目标，获得成功。

·学会坚持，拼命努力

有这样一个故事，一个推销员去企业推销，却被老总拒绝了100次。

当他第101次去的时候，老总说："我从没见过像你这般厚颜无耻的人，我拒绝你的次数连我自己都忘记了，门卫都认识你了，你怎么还不要脸地往这里跑呢？"

推销员回了一句："如果你的员工都能跟我一样坚持去努力，你的企业肯定能做得更大更强。"

老总大笑，然后跟推销员签了一笔巨额订单。

你想要成功，就必须做到坚持，坚持完成人生马拉松路上的小目标，坚持做到"不要脸"，永远相信这一次的碰壁只是在为下一次的成功蓄力，坚信全力以赴是成功亘古不变的充分必要条件。

当你做一件事时，开始的时候花费的精力自然要多一些。但是当你坚持下去，等待这件事走上正轨后，再做同样的事时，你会惊讶地发现，自己已经变得得心应手，成功近在咫尺。

• 无视议论者

不要随意告知他人有关自己的人生规划。

因为当别人知道你的目标时，更大概率换来的是对方的酸葡萄心理。他人对你的嘲讽、挖苦将会影响你的心态，让你产生动摇。

当然，即便我们不得不处在被他人议论的旋涡中，也要做到无视他们的冷嘲热讽。

事实上，他人的议论与我们的梦想毫无关系。不去理会负面的议论，我们会走得更轻松。

毕竟，成功并不是为了向他人证明自己的伟大，而是为了抵达自我灵魂深处的精神小岛。

成功没有捷径，但成功一定会有方法。

日复一日的积累也许是枯燥的，年复一年的坚持也许是孤独的，但这些都是成功路上的铺路砖。

正如俞敏洪所说："成功不是将来才有的，而是从决定去做的那一刻起，持续累积而成的。"

成功或许受运气、机会等因素影响，但主动、持续的努力以及正确的方向，一定是成功的关键因素，也一定是人生这道难题最好的解答。

第二课　积极应对生活的变化

知乎上有个问题："如何应对快速变化的世界？"浏览量超过十万，证明世间许多人都在追寻此问题的答案。

回顾当下，人的一生都在变化中度过。有些是因为外界环境变化，比如时光流逝、四季变迁……而有些变化则是人为主动发起的，比如他们想变瘦、想更换工作、想开启或结束一段关系……

其实早在春秋战国时期的百家争鸣中，道家就已提出变化之道：

每一件事物都遵循各自的道路变化发展，事物会随着内外的因素不断做出调整。剥离旧有的躯壳，萌发新生的血肉。这是事物本来的面目，也是它无比精彩的所在。我们无法改变这一规律，只能去顺应万物的变化。

去接纳无法阻止的变化

《周易》说:"凡益之道,与时偕行。"事物要增益,一定是与时俱进,不断变化和发展的,人也不例外。变化催生更新迭代,而我们的力量无法阻止事物的变化,唯一能做的就是接纳外部条件的变化,引导内在情绪呼应外部变化,做出自我改变。

纵观我们人类的发展史,当初在地球环境变得恶劣的时候,我们的祖先不断改变自己来适应环境。他们在接纳变化时发挥自己的聪明才智,借助大自然的力量来为自己服务,从而克服困难,渡过难关,并成功繁衍后代,这才有了如今的我们。而那些不适应环境变化的生物早已灭绝。

灭绝的生物代入现代社会里,就是那些破产消失的企业。有人说过:"直到破产,柯达制造的也始终是最好的胶卷——只是在变化的时代中,不再有人需要它。"柯达本可以在变化中转型,但他们并没有做出改变,因此被淘汰。我们可以得出结论:那些不能接受变化的人或事物,终将被社会抛弃。而那些故步自封、摒弃变化的习惯也会限制我们成长。如果我们害怕和拒绝改变,最终后悔的一定是我们自己。

有个朋友说起他的经历，当初他因为心态不够稳定，发挥失常而高考落榜，没有进入理想的重点大学。面对逆境，他没有自暴自弃，在大学生活中，他更加努力学习。为了考一个证书，他可以每天学习长达15个小时，最后终于如愿以偿，刚毕业年薪就高达30万元。虽然他的大学背景不如一些名校学子，但他在接纳变化、改变自我的过程中，拥有了锦绣前程。

改变是短痛，故步自封是长痛。接纳变化而改变的人，坚持了痛苦，收获了成功。改变虽不容易，但同时它也给我们提供了一个在生命中成长的机会。只有积极寻找变化，主动接受变化，适应变化，不断地改变自己，才能拥有更好的发展，才能破解生命中无法掌控的变化。

接纳变化是一种勇敢的表现，如果现下的你还没有能力做到这一点，不妨退一步，在心里给自己一个延迟暗示：变化迟早会来的，这是我们不得不去面对的一个现实。这样我们就不会畏惧变化，而是能够以平常的心态去对待生活中未知的变数。

生命是在变化中前行的

人这一生,会在成长、升学和生老病死中经历变化。

成长中的变化对我们来说其实并不陌生。比如,因为某种变化需要从小时候一直居住的地方搬到另一处居住。也许会因为爸爸的工作调动,全家不得不从东南沿海的城市往北迁移。这次搬家,给你带来全新的生活环境,包括陌生的伙伴们以及截然不同的气候与风俗习惯,你的情绪和心理也在外部条件的变化中不断进行自我调整。

我们也会在升学中经历变化,比如在学习上从满分到不及格的失意。小时候的自己总能在考试中获得满分,年级前几名更是不在话下。然而到了高中,随着学习难度和深度的变化,开始在各种考试中吊车尾,学习成绩的巨大变化让人情绪跌宕起伏,充满落差。

我们还在生老病死中经历变化。也许在某一天,陪伴自己多年的亲人会因为生病或者意外去世,我们会感到悲伤;或是将来自己结婚,喜获麟儿,我们会感到幸福;甚至曾经强健的身体也会随着年纪增长而变得羸弱多病,让我们忧心忡忡。这是因为人生在世离不开"生老病死"四个字,在这些生命的消逝与诞生中,我们体会到了情绪的变化。

不只如此,我们的心境也在变化。小时候,我们总是在期待假期,期待长大后自由并快乐的时光。然而成年的我们慢慢失去了对这些美好的向往和憧憬。我们终日忙于自己的琐事,变得成熟。

有位名人曾说过:"有生就有灭,有聚就有散,这不过是事物平常的状态。坚强或者脆弱,接受或者抗拒,生活都会继续。"

的确,在生活的变化中,我们也收获了不一样的自己。十几岁的自己身上戾气很重,叛逆放肆、张牙舞爪、不知天高地厚,如今却能够在岁月静好中沉着应对。时间让我们不再稚嫩,也让我们更清晰地明白了成长的真谛和意义。我们内心的情绪逐渐变得平和,也学会了坦然接受自己。

应对变化的方法

这个世界充满着变化,而面对未知时,我们应该如何顺应变化呢？沃尔玛创始人山姆·沃尔顿告诉我们："你不能只是继续做以前行得通的事情，因为你四周的每样事情都在变化。想要成功，你必须站在变化的前面。"

要知道，自我转变是极其不容易的，我们都有一种防御机制，让我们本能地追求稳定和可控，排斥改变和风险。

因此，我们将给出几条有关变化的应对法则，让我们正确应对变化，让变化成就自我。

• **第一种方法，分析变化，避免固化思维。**

面对这些变化，首先，要区分哪些是我们不能控制的，哪些是能控制的。对于能控制的变化，我们要积极把握。其次，要避免绝对化的思维，我们要主动去屏蔽一些不能改变的变化，以减少变化对自己生活的干扰。可以暂时将无法屏蔽且无法控制的事情写下来，放在一边，再给予自己积极的心理暗示。

• **第二种方法，从变化中总结经验。**

很多变化是重复出现的，总结经验很重要。曾有专家介绍过一种"PDAC"形式的问题解决与经验总结流程：首先要有计划（Plan），找出问题，选择方法，制订计划；其次要执行（Do），努力执行计划，实现目标；再次要实施（Action），积累经验，吸取教训；最后要检查（Check），反思过程，修改计划。

灵活运用这个模型，生活中无论遇到什么层面的变化问题，我们都可以按照这四个步骤去处理。

- **第三种方法，"拍摄"心理免疫 X 光片。**

这是哈佛大学心理学家罗伯特·凯根所发明的心理疗法，我们需要拿出一张纸，在上面写四行字：

第一行：自己想要达到的目标（需要写行为目标，是可通过具体化行动切实达成的）

第二行：自己正在做哪些和目标相反的行为

第三行：这些相反的行为给自己带来了哪些好处

第四行：自己内心的重大假设是什么

写到这里你会发现，心理免疫 X 光片其实就是深度剖析自我的对话，通过分析来发现自己内心深处隐藏的阻碍，认清所担忧的因素，从而对症下药，解决问题。

做出改变，方能驾驭变化。我们不能将希望寄托在环境或他人会为我们改变的不理智想法之上，而是要做到改变自己。提高自己的认知，改变自己的思维，才能跳出让我们不断被消耗的怪圈。与其让变化打败自己，不如自己改变情绪状态，顺应和制造变化，找到变化中的机遇。只有这样做，才能让我们更快地摆脱逆境，成就自我。

第三课　化解突发事件的伤害

法国著名作家雨果在《巴黎圣母院》中说过："凡是重大事件，其后果往往难以预料。"

所谓的重大事件指的是突发事件，也就是天灾人祸，指无法预测的自然灾害与人为操作的失控社会危机。比如疫情、无法招架的岗位变动、家庭中突发的状况……在每一个普通的日子里，我们无法预知突发事件的发生。当突发事件真正来临时，普通人都会有深深的无力感。

消极情绪会伴随突发事件出现

突发事件会破坏我们关于安全感、控制感、尊严等方面的感知，因此我们会变得更加焦躁和警醒，也可能出现睡眠、注意力、记忆力等方面的失调，以及情绪上的一些变化。

比如,有些人的情感会变得麻木或过于强烈,对事情的判断力下降,或出现一些过激的行为;有些人目睹或亲身经历可怕的事件后,会不受控制地回想事件发生时的情景,并伴有极度不愉快的情绪,这种现象被称为"闪回";还有些人经历意外事件后,情绪变得很敏感,会回避与突发事件相关的一切事物,这是经历过消极情绪后,大脑为了保护自身,自动提高了警觉性。

虽然我们都知道不可抗力因素引发突发事件的概率极低,但是当地震、空难、疫情等事件发生的时候,人们对不可预知的事情,仍然会产生各种各样的心理情绪:

- **愤怒**

比如遭遇了从未想过的不公待遇,看到了突发的恶性新闻事件,无论作为亲历者,还是打抱不平的路人和看客,我们都深切感受到了愤怒。对于暴力和不公的突发社会事件,愤怒成为我们首要的情绪反馈。

- **悲伤**

面对亲人或者朋友的突然离世，我们容易陷入悲伤的情绪无法自拔。一个读者写信告诉我们，在她高二时，母亲突然在北京去世，在老家念书的她没来得及见上母亲最后一面。至亲的离去，对她心理的影响极其深远。虽然她时刻被教导要成为坚强的女生，但是内心的悲伤使她长期处于一种情绪的应激状态。她变得沉默寡言，时不时落泪，看到亲戚扔掉烂了的水果会情绪崩溃地大喊大叫，只因为那是她妈妈喜欢吃的水果。

- **焦虑**

面对突然发生的疫情，人人都被打得措手不及，徘徊在失业边缘的来访者小李每天都处于焦虑中。在沟通的过程中，他也不时念叨要是没有疫情就好了，不然可以过得顺风顺水，哪儿至于每天浑浑噩噩、担惊受怕。其实早在高考的时候，他就已经经历过突发事件导致的焦虑情绪。高考前他突然失眠，为了缓解自己的焦虑，让自己睡得更踏实，他吃了半粒安眠药。但是药都是有副作用的，他不幸中招所有不良反应：嗜睡、头晕和恶心，整个人处在一种低迷的状态，高考四场考试，他因为睡眠不足有三场没能及时完成。原本只是应对高考突发的焦虑失眠，却因为没有采取正确的方式，影响了自己的成绩。

- **恐慌**

近几年经常能听到航空器飞行事故，许多人都对飞机产生了莫名的恐慌，生怕自己在哪次飞行过程中就发生了意外，甚至那段时间还掀起了一阵不小的退票风波。

其实在突发事件发生后，出于自我保护，我们会本能地产生一些焦虑和恐惧心理，对自身发展而言，适度的情绪反应对我们是有益的。

首先，它可以作为一个出口，宣泄我们的一些心理恐惧；其次，它也可以让我们产生应对外部困难的心理预警。

当然，如果长期处于这种焦虑或恐惧的状态下，我们就容易陷入不良情绪中。此时原本可能存在的一些焦虑被触发，会对我们自身的身心、社交、工作等带来持续的消极影响。

处理不当会让消极情绪蔓延

在通常情况下,我们会下意识地认为生活环境是安全有序、可以掌控的。而这些不可预知事件的出现打破了这种预期,事情的发展也超出了我们的应对能力。情绪处于高度激情状态时,很容易出现应激反应。

古罗马著名哲学家塞内加认为,意外事件的发生和我们的负面情绪之间存在某种因果关系。当我们面对已经得到的东西却在瞬间失去的时候,那种意外对情绪的冲击会更加明显。如果我们无法对当时的感受正确命名,或者被他人错误地告知要忽略或摒除情绪,就会导致前面提到的那些不良情绪出现。

在突发事件面前,感受到自己的愤怒或者悲伤,其实是情绪在告知自己的需要没有得到满足。因此,让人们逐渐地觉察到自己的感受,是帮助我们确认自己处于突发事件困境中的第一步,然后我们要学会调节和运用情绪,必要时也要掌握转换情绪的能力,这能够帮助我们有效地恢复健康的心理状态。

如何处理这种类型的消极情绪

在突发事件发生后，人们都会陷入情绪的低谷。这里有一些方法，可以有效地减轻或者调节不良情绪。

• 利用系统脱敏法，学会中和痛苦情感

系统脱敏法由心理学家约瑟夫·沃尔普所发明，具体操作如下：

在准备阶段，先做一个沃尔普所称的个人焦虑等级序列：列出数个引起焦虑的具体环境，根据轻微到重度的程度排列；

下一步，通过阶段放松练习和活动，让我们的肌肉达到正常放松的程度，然后再促使我们达到深度的放松，去想象一系列焦虑状态逐渐升级的情势和环境；

不管我们感受到任何形式的焦虑，都可以伸出一只手，这时，就需要我们的亲朋好友，也就是让我们感觉最有安全感的人，过来帮助我们进入一种更深层的心理放松状态。

最后，通过重复训练和放松，等到不再引发焦虑情绪后，我们再进入另一个引发更多焦虑的环境，按

照上述方法将其产生的焦虑全部消除。

通过进行这种"焦虑制造"与"深度心理放松"的活动，我们便学会了如何同焦虑和恐惧做斗争，也就成功拥有一个强有力的武器。一旦痛苦的情感得到了充分的表达和释放，它就会逐渐烟消云散。

• 物理脱敏，心理补偿

为了避免触景生情，我们可以暂时离开原本的环境，这样有助于摆脱痛苦，恢复内心平静。然后把注意力集中到其他事情上去，或把精力转移到能够做好的事情上，以获得心理上的补偿和满足。

预防坏情绪最好的药方就是朋友的忠言和规谏。因此，我们可以主动向亲朋好友倾诉内心的痛苦，以此来获得最大化的心理安慰。倾诉、共情、相互支持以及鼓励，这些方法可以极大地减少个人独自去承受负面情绪的压力。

我们也可以寻求心理疏导，通过心理医生的劝导、启发、安慰和教育，使我们的情绪、认知和行为等发生良性变化。

遭遇突发的不幸或委屈时，痛哭也是有效的心理救护措施之一。它能使不良的情绪得以发泄和分流，释放后我们的心情会变得轻松愉快。

- **补充糖分，学会放松**

糖分可以减缓压力导致的低血糖，我们在焦虑时可以适当地摄入蜂蜜水。同时我们要养成合理的膳食习惯，均衡营养。如多吃粗粮和蛋白质类食物，干稀适当，细嚼慢咽，避免吃得过多或过少，减少咖啡、茶、可乐等含有咖啡因的饮品的摄入。

睡前我们应减少看手机或者其他电子产品的时间和频率，并做一些放松的事情，使自己的身心都处于松弛的状态。应避免负面信息引发激烈的情绪反应导致大脑皮层兴奋，从而干扰到睡眠。平时我们可以听听轻柔的音乐，看看轻松的节目，同家人玩玩棋牌类游戏，适当开展一些室内外体育运动，这样可以有效地转移注意力，避免陷入突发事件导致的负面情绪当中。

季羡林曾经说过："心态始终保持平衡，情绪始终保持稳定，此亦长寿之道也。"

经历过突发事件的人，心理恰恰会变得平衡和谐。因为他们认识到了生命的无常，暇满的难得。时间会抚平人们经历过的苦难，未来的希望会催促我们保持奋进。

与其沉溺于突发事件带来的恐慌与焦虑中无法自拔，不如放松身体，找回情绪的控制权。不要因此上咖啡因和酒精的当，它们并不会成为你的避风港。把大难题拆解成小问题，把人生想象成一场冒险。突发事件只是人生远洋路上的一块礁石，触礁时不必害怕，也别绝望地等着船沉没。让我们努力自救，重新起航！

第四课　在行动中收获积极情绪

不知何时,"摆烂"这种人生态度突然在人群中流行了起来,许多人开始放弃积极进取的姿态。

"摆烂"到底是什么?

"摆烂",在心理学中指的是习得性无助,即当我们深知负面的后果已经不可改变、逃无可逃时,我们会产生极度消极的情绪,从而抑制我们的积极行为。

拒绝"摆烂"生活

一位来访者说,学生时代的自己整日在学校里奔忙,只为考上大学。上大学之后,她又为了找工作而疲于奔命。这种状态,虽然换来了老师和老板对她"自我驱动力强"的评价,但她并没有多大的成就感。

2020年初疫情封锁期间，居家办公的她，工作时常需要连轴转，从当天晚上一直到次日凌晨都没什么休息时间。某天在又一次通宵之后，她痛苦地停了下来。因为她突然找寻不到努力的意义，心理承受能力已经赶不上缺乏目标所带来的无所适从感。

其实这样的"摆烂"属于一种自我妨碍，即故意做出阻碍自己成功的事情。这些都是动力下降导致的情况。这是一个紧迫而切实的问题，很多时候我们花费了千百倍的努力，才能够得到一丝的回报，这种不对等的回馈价值，让许多人身心疲惫，进而选择"摆烂"，放任情绪发酵，最终扩变成一种消极的生活态度。

尤其是宝妈这个群体，如果产后一直在心中压抑自己的情绪，不去疏导发泄，久而久之，就会出现心脏、血压和精神等方面的问题，人因此变得郁郁寡欢，做任何事都有气无力，提不起精神。这样消极的状态，还会产生负面情绪的无限循环，最终影响到她们生活工作中的方方面面。

我们的情绪是有波动的。当你有情绪的正向波动时，说明你是在健康地生活着；当你不再拥有情绪的波动，或者浑身充满负面情绪的时候，就代表你离病态的生活不远了。

因此我们要学会用积极的情绪迎接高质量的生活。要相信人的一生最重要的就是精神，看到一个人内在的精神就能看到其外在的命运和未来。

明代袁了凡先生一生奉行《太上感应篇》中的真理，写下传世家训《了凡四训》，揭示了情绪改造命运的秘诀："决定生活的是自己的情绪。"

《了凡四训》说："从前种种，譬如昨日死。从后种种，譬如今日生。"要放下过去的烦恼和执念，此时此刻，要做一个全新的自己，像婴儿一样，毫无情绪负担地往前走。

物随心转，境由心造，人观察事物时得到何种感受，都取决于自己的情绪状态。心若安然，便能拥有高质量的情绪，也就能收获平和淡然的生活。

拒绝积累情绪垃圾

当我们有愤怒、不满、抱怨等不良情绪时，需要及时地宣泄和倾倒，这样才会让我们感觉到平心静气。

人在一生中会产生数不清的情绪，但最终能得到满足的却为数不多。对那些未能满足的情绪，不要强行压制，而是要想办法将它们宣泄出来。

在这里，我们特别推荐两种倾倒情绪垃圾的办法：

• **写日记**

杰西·格鲁曼博士曾说过这样的话："写日记是对抗抑郁的好方法。这种方法不激进，是你自己能够独立完成的事情。它让人有机会白纸黑字地看到自己的感受，然后制订计划去改变它。"

写日记本质上是一种表达性写作，长期坚持能够显著缓解压力和焦虑，具有心理疗愈的作用。写日记时，我们会专注于自己的内心深处，展开与自己的对话。

写日记还有利于感知自我情绪的变化，引导自我思想和自我意识的觉醒。如此，我们能更清楚地觉察自己的感受，释放负面情绪，获得一种积极向上的心态。

• **克里希那穆提法**

克里希那穆提法是一种冥想方法，具体做法

如下:

闭上眼睛,想象你的身体离开自己所处的这个房间,来到了大海边。你眼前的海水是清澈的,此时阳光正好,照在海面上,波光粼粼,你感觉到全身笼罩着一股暖意。

随后,你纵身一跃,潜入海水中,海水并没有你想象的那样冰冷,而是温暖的。海面下也并不是漆黑一片,而是有许多光线照射进来。

接着,你往深处下潜,同时你的身体表面会出现一些气泡,这些气泡逐渐增多变大,它们向海平面的方向升起,离你远去。

你感到愈加轻松舒服,身上各种疲劳、紧张、焦虑、疼痛的感觉,都伴随着这些远去的气泡而消失殆尽。

最后,将自己沉浸在一片温暖洁净的海水中,就像整个人处在温水中一样,让心情变得愉悦放松,然后保持这种状态 10 秒钟……

写日记和克里希那穆提法都可以有效地帮助我们倾倒情绪垃圾。

清理情绪垃圾,在某种程度上,也是为自己建立一套更好的生活方式。这不仅是一个缓解压力的过程，也是一个了解和探索自己的另一面，让自己变得更完整的过程。

运动释放积压情绪

研究发现，那些经常运动的人，往往更乐观积极，同时更有活力。相比各种抗抑郁的药物，运动的效果会更显著。越运动，大脑越聪明。运动能增加大脑氧气供应，从而提高思考效率。大脑越活跃，给予你正向的情绪反馈就越多。

因此，我们可以通过运动的方式，释放积压的情绪，让整个人动起来。

经常跑步的人在运动的时候，容易体会到一种愉悦感。这是因为当运动量超过一定程度时，会把肌肉内的糖原用尽，只剩下氧气，此时大脑就会分泌内啡肽。内啡肽可以改善我们的情绪，让我们变得心情愉悦。

就像电影《阿甘正传》里，遇到困难时阿甘就会跑步。客观地说，跑步确实是调节情绪、缓解压力的有效方式。

除了跑步，爬山也是一项可以释放压力的运动。爬山可以促进身体中血清素的分泌，能够给人带来幸福感和安全感，使人内心平和。

沿途不期而遇的风景，也能令我们心胸开阔。登顶的快乐将生活压力导致的疲劳感一扫而空。站在山顶上大声呼喊的时候，我们的心情也会变得格外舒畅。爬上一座山，是灵魂和肉体的双重征服，可以让我们自信地回到日常世界的秩序中，唤醒我们的雄心壮志。

还有许多人喜欢踢足球、打篮球、打羽毛球等运动。这些运动一方面会锻炼我们的身体素质，另一方面也能够通过这种规则内的竞争和对抗，利用无害的方式，释放我们的攻击性和情绪负能量，从而缓解内心的压力。

在兴趣中寻找快乐

古人说过："有事心不乱，无事心不空。"苏东坡怀才不遇，颠沛流离的贬谪生活令人唏嘘。但他也在一次次贬官过程中，追寻到了人生的乐趣和意义。

他研究食谱，一道东坡肉流芳百世。他与挚友共享山水与音乐之美，创造视听盛宴，写下数百首脍炙人口的诗词。苏东坡在官场的失意，造就了他自由的灵魂。

都说兴趣是最好的老师，的确，享受兴趣也是为了迎接更完整的自己。

国外有个妈妈梅芙，在疫情期间，她没有自暴自弃地"摆烂"，而是一直在自主学习。她会不定期抽出时间为朋友修改衣服，花时间练习小提琴，每周还阅读一本小说。

梅芙说："我这个年纪的人有很多事情要努力去做，但我觉得我可以为自己做一点事情。"她在兴趣中追寻到了快乐。

找到一件喜爱的、能让自己进入积极情绪的事情，也是我们追寻的人生目标之一。

面对生活中的情绪和重担，我们要善于结合多种情绪减压法。与其"摆烂"，不如努力改变自己的心态。我们可以主动处理好生活的细节，就像史蒂芬·柯维在《高效能人士的七个习惯》中说的："人性本质是主动而非被动的，不仅能消极选择反应，更能主动创造有利环境。"

第五课　放下对虚构问题的担忧

很多时候,我们所担心的事情,实际上有很大的可能不会真正发生。而我们之所以会感到焦虑和担忧,主要是因为我们在想象事情的时候,不自觉地给它们带上了一些负面的情绪,这些消极悲观的想法会不断地在我们的脑海中打转,导致我们越来越焦虑和紧张。而杞人忧天的心态,只会让我们更加消极和沮丧,进而影响我们的情绪和生活质量。

不要担心多余的事情

著名儿童文学作家杨红樱在《五三班的坏小子》里面讲到一个叫任思思的女孩,她总是喜欢把未发生的事情往坏处想。全班组织春游,她担心出行的日子会下雨;坐在大巴车上,她又担心出车祸了怎么办;

在公园野餐的时候，更是害怕会有坏人突然窜出来掳走她；到最后，她甚至开始担心天会塌下来。

虽然这只是书中虚构的一个人物，却也是生活中许多人的一个缩影：事情还未发生，他们就开始臆想最坏的结局吓唬自己，导致自己一整天都处在焦虑不安的情绪之中。

人类具有超前思维的能力，可以预见未来可能出现的问题和挑战，并及时采取措施应对。这种能力在追求目标和应对不确定性时尤为重要。例如，优秀的企业家可以通过预测市场趋势和消费行为获得竞争优势。超前思维在面对挑战和不确定性时起着至关重要的作用，是人类前进道路上必不可少的一部分。

然而，当超前思维带给我们无休止的焦虑和不安时，它就变成了一种担忧。过度担忧会导致我们不由自主地想到最坏的结果，滋生无助感，同时还会对我们的身体和心理造成严重的焦虑反应。

虽然我们每个人都会有不同程度的担忧，但当担忧开始影响自己的积极状态，让自己感到低落、疲乏的时候，这就变成了一个情绪问题。为了缓解焦虑情绪，我们可以尝试制作一个焦虑箱。

当你感到未来可能会焦虑时，可以将问题详细描述下来，并写下自己的担忧以及可能导致的最糟糕的结果，随后将这些字条放进焦虑箱里，并记录下时间。过一段时间后，打开焦虑箱，回顾这些记录，你可能会发现其中的大部分问题都没有出现。

从中我们可以得出一个基本事实：焦虑和恐惧对解决问题没有任何帮助，只会消耗我们的精力和意志力。真正有助于解决问题的是我们自身拥有的资源、能力、经验和心理素质。

曾国藩曾经说过："物来顺应，未来不迎，当时不杂，既过不恋。"我们不必过度担心大部分人所担心的事情，只需要专注于手头的任务，学会对自己说："这件事只值得我轻微担忧，我没有必要过度担心。"通过这种方式，可以使我们心理上的平静最大化。

在很多情况下，我们并没有遇到太大的困难，而问题往往在于我们过度思虑、胡思乱想。我们往往会杞人忧天，把太多不必要的担忧提前塞进我们固有的思维模式中。这种固有的思维模式使我们越陷越深，很难轻易走出来。

因此，我们需要学会摆脱这种消极的思维模式，正视并解决我们真正面对的问题。我们要保持积极向上的态度，设法让自己更加自信和坚定，从而更有效地应对困难和挑战。就像维尼夏·斯坦利-史密斯在《京都山居生活》中说的："忠于自己。享受你的选择，过好每一天。人生就是当下活着的这一刻。"专注现在，脚踏实地，我们才能够不断前进，不断成长，创造自己想要的美好未来。

拒绝进入绝对思考的误区

有个网友分享了她的一个经历。高考结束后，她和几个好朋友一起去采摘杨梅。在路上，她的其中一个朋友心情低落，一直在计算自己高考可能得到的分数以及是否能够进入心仪的大学，还担心自己如果没有考上想去的大学，该何去何从。尽管窗外的风景很美丽，但她全神贯注于得失的计算，情绪非常低落，这种情绪感染了其他朋友。每个人都不由自主地想到自己的高考成绩，然后开始担心如果自己考得不好会怎么办。这种情绪开始慢慢地失控。

这次采摘杨梅的旅行，没有任何人玩得尽兴。那个女孩心情沮丧，因为她非常担心自己高考失败，并且无法接受自己没有达到目标的结果。其实，这是因为她采取了绝对思考的方式，导致内心充满了焦虑和不安。

绝对思考会让人用不合乎现实的标准要求自己。一旦现实与预想的结果落差太大，就会遭受冲击，诱发出许多负面情绪，从而觉得自己无能为力，对未来产生绝望的心理；绝对思考还会触发担忧的情绪。

在这种过度忧思之下，即便勉强思考出应对方法，也只是徒增压力。于是我们陷入了每日的低气压中，不仅影响自己的身心，也让身边的人不得不接收自己的负面情绪。

这些绝对思考的观念常常会产生过多的焦虑和自责。一个人一旦失眠多次后，往往就会陷入焦虑之中，生怕失眠会逐渐严重，导致学习效率下降，甚至身体出现问题。这种消极情绪会让我们长时间处于焦虑状态，即使尝试摆脱这种情绪，但很快又会陷入其中。慢慢地，这种失眠状况会越来越严重，失眠的天数也会成倍增加。究其原因，我们更关注的是寻找一劳永逸的方法来解决失眠问题，但实际上这种心态只会增加我们的心理压力。失眠对我们的意义也不再是失眠本身带来的疲劳和健忘，而是对自己整个人的失败感。这种不良情绪会让我们感到沮丧、失望、自责和焦虑，进一步加深失眠问题的严重程度。

负面的小问题造成了负面的情绪，而负面的情绪又进一步放大了问题，最后导致一点小事就足以演变成一场灾难。

那么我们如何避免陷入这种不良情绪的循环中呢？

首先，需要减轻压力。即使无法在第一次尝试中达成目标，我们仍然可以在承受压力的情况下不断接受挑战，并享受追求目标的过程。为了缓解负面情绪，我们可以尝试每天刻意留出一段时间去忧虑。例如，将每天睡觉前的 30 分钟作为专门思考和解决问题的时间，这样在一天的其他时间里，我们就可以更加专注自己手头的任务而不被担忧困扰。

其次，要从乐观的人身上学习他们的优点。在生活中可以发现，乐观的人总是以一种从容和充满希望的态度度过人生。即使一次尝试未能成功，他们依然能够控制自己的情绪，不会被负面情绪左右而改变自己的现状。相反，消极的人则往往陷入失败和困惑的阴影中。

最后，不管面临再大的压力和挑战，我们都应该用积极的心态去面对。不要因为负面情绪而让事情变得更加糟糕，要保持微笑，看淡"目标和结果"，并欣赏自己在实现目标过程中的付出和进步。只有这样，好的心情才会与我们不期而遇，让我们更加自信、坚定地向前迈进。

辩证思考是降低焦虑的最佳方法

我们有时候不敢面对问题，并不是因为能力不够，而是因为害怕最坏的结果。这时候我们就不能用过去那种消极、抗拒失败和困难的心态，而应该从失败和困难中学习经验，并以积极向上的态度去面对未来的挑战。这样做有利于我们的个人成长和成功。此外，如果经常让恐惧和逃避心理支配我们的思维，就会浪费心理资源，妨碍我们专注解决问题。因此，应该尽力避免这种情况的发生，以充分发挥我们的实力和思维能力，在解决问题的过程中更好地成长。

心理学上有一个著名的卡瑞尔公式。其内容是说，我们必须强迫自己去面对最坏的情况，在精神上先接受它，才能使我们处在一个可以集中精力解决问题的地位上。

这个公式源自工程师威利·卡瑞尔。在安装清洁机的过程中,他虽勉力将机器安装完成,但无法满足公司的质量要求,心中十分懊恼,彻夜无眠。后来,他意识到过度的自我反省并不能解决问题,于是想出了这个方法。

卡瑞尔公式让我们在面对问题时有了明晰的操作步骤:

第一,问自己可能发生的最坏的情况是什么。
第二,使自己能够接受这个最坏的情况。
第三,想办法改善这个最坏的情况。

这个公式使我们不再惧怕最坏的结果,减轻了我们内心的压力以及担忧,让我们能够集中精力解决问题。其实,这个公式不仅适用于各种工程,也适用于生活中的各种情境。有时候我们会感到困扰,担心各种可能出现的问题,但是只有敢于直面最坏的情况,才能积极地去解决它。

如果人们能够接受最坏的结果,就能集中注意力去思考解决的办法。即便最后无法获得可靠的方案,我们也做好了面对最坏结果的心理准备，因此不会感到焦虑和害怕，心态也会趋于稳定。

马尔库塞在《单向度的人》中说："辩证思想和既定现实之间是矛盾的而不是一致的；真正的判断不是从现实自己的角度，而是从展望现实覆灭的角度来判断这种现实的。"在事态变得不可控之前，我们需要辩证思考未来某件事发生的可能性，然后做好万全之策，不断完善自我，在每天的进步中为自己积蓄能量，以此来面对未来的不确定性。

活在当下，在试错中成长，准备好应对未来最坏的可能性，才能将现实牢牢地掌握在自己的手中。

第六课　处理坏情绪的急救方法

在我们生活的旅途中，坏情绪常常悄悄地蔓延，像一阵阴霾笼罩着我们的心灵。无论是来自工作的压力、人际关系的纠纷，还是个人内心的挣扎，这些负面情绪似乎总能找到一种方式让我们沮丧、愤怒或焦虑。

然而，要过上积极、充实的生活，我们需要学会处理和去除这些坏情绪。幸运的是，世界上存在着许多可行的策略，能够帮助我们重新找回内心的平静与喜悦。

拥有正念是一切方法的基础

正念是一种古老而深层的注意力训练方法，源自佛教的禅修传统，现在已经被广泛研究和应用于心理学与身心健康领域。

正念是指以故意、非判断性和非执着性的方式，将注意力集中在当前的经验和感受上。它强调对当下的细微体验的觉察，包括身体感觉、情绪、思维和外部环境的感知。通过正念实践，我们能够学会接纳和观察这些经验和感受，而不是被它们控制或被它们困扰。

练习正念的目的是让我们主动从生活中醒来，让我们对日常经历中的新奇事物保持敏感。通过深度冥想反思自我，让我们能够做出选择，从而改变成功的可能性。

下面我们谈谈正念呼吸训练的步骤：

1. 找一个安静的地方，坐下或躺下，保持舒适的姿势。闭上眼睛，或保持半闭状态，以避免干扰。

2. 开始关注呼吸。将注意力集中在呼吸的感觉上。不要刻意调整呼吸，只是观察它的自然流动。注意呼气和吸气的感觉，以及呼吸时的身体感受。

3. 如果你的注意力开始离开呼吸，被其他思绪或感觉牵引，不要着急或自责。只是觉察到它们的存在，然后温和地将注意力带回到呼吸上。你可以将注意力集中在呼气和吸气的感觉上,或者在腹部或鼻子等呼吸的感受点上。

4. 继续观察呼吸的感觉,逐渐地放松身体和心绪。如果有任何身体上的紧张或不适感,尝试用呼吸来缓解。当你吸气时,想象新鲜的能量进入身体,当你呼气时,想象紧张或不适感随之离开。

5. 坚持练习5到10分钟,或根据自己的舒适程度调整时间。每天都保持一定的练习时间,并逐渐增加练习的时长。

正念不仅可以让我们变得稳定和平静,还可以帮助我们预防心理和情绪上的诸多问题。在学习的过程中,我们会不断与内心更多的空间进行连接,随着对自我了解的加深,我们的情绪也会随之发生变化。经历一段时间的正念练习之后,我们可以成功培养一种心态,即在不理智的时候让自己保持平静,自如地驾驭负面情绪,不为其所扰。

通过正念我们能觉察自己情绪和想法的变化,从而理性地控制行为,而不是被情绪控制。正念能帮助我们管理好情绪,与负面情绪和解,为未来的生活带来无限益处。

消除坏情绪的具体方法

下面,我们将列出 4 条坏情绪急救法,希望对你有所帮助。

• **愤怒管理策略——使用幽默**

使用幽默可以帮助我们减轻愤怒情绪。比如当你感到愤怒,想给某个人起绰号或用一个不礼貌的词去称呼他时,请立即停下来,然后将这个词在大脑内进行"可视化"。

想象一下,你正在工作,却跟同事发生了争吵,这时你可以把他想象成一个"邋遢鬼"或"单细胞生物",还可以把他想象成一个装满垃圾的大袋子正坐在办公桌前。甚至你还可以回忆一下自己在电视节目中看到过的吐槽台词,然后在心中默念一遍。这将会有效减轻你的愤怒,还可以缓解你与其他人剑拔弩张的紧张局面。

当你感到急躁时,也可以将自己想象成一个至高的统治者,你拥有自己的街道、店铺和办公地点,此时你在自己的街道上大摇大摆地行走,所有人都臣服于你。想象的场景越详细,你越会意识到让你愤怒的事根本不值一提。

要注意，使用幽默是去帮助自己建设性地面对愤怒，但不要一味采取苛刻、讽刺的幽默，这只会让我们的情绪更加糟糕。

• **焦虑的应对方法——蝴蝶拍放松法**

请在日常生活或过去的经历中，选择一件你觉得愉快、温暖的事并回想。找到一个最能代表这种体验的画面，然后尽可能具体地描述它，并且尝试描述此刻你内心的真实感受。然后进行以下步骤：

1. 双臂在胸前交叉，注意右手在左侧，左手在右侧，轻抱自己对侧的肩膀；

2. 双手轮流轻拍自己的臂膀，一轮为左右两边各轻拍一下；

3. 速度要慢，轻拍 4—6 轮为一组。然后停下来，深吸一口气。如果你体会到不断增加的美好感受，此时可以继续进行下一组蝴蝶拍，直到自己充分感受到的积极的内容不再变化为止。

•悲伤的情绪管理——"安全岛"放松稳定训练

我们可以先进行 10—15 分钟肌肉放松训练，找一个尽可能安静舒适的空间坐下来，让身体和面部肌肉放松；调整节奏，保持呼吸平缓均匀；然后两脚分开，与肩部同宽，双手放在膝盖上，双肩自然下垂；接着，慢慢进行吸气和吐气交替的过程。我们只要专注自己的呼吸，不需要理会脑海中出现的杂念，如此循环反复，慢慢放松。

然后在脑中想象一个安全的地方，在这里我们能够感受到绝对的安全舒适。这个秘密基地只有我们自己能进入，并且可以带上一些可爱友善的东西，也可以随时离开。如果在寻找"安全岛"的过程中出现了不舒服的感受，别太在意，告诉自己此刻只想找到一个美好舒服、有利于康复的地方。

要学会敏锐察觉自己的感受。举个例子，假如你感受到寒意，就可以试着想象一下太阳照耀在身上的温暖。如果产生消极的心态，比如担心自己被感染或担心疾病，就想象自己手中拥有一个遥控器，只要启动它，就会回到一家人健康平安相处的场景。

当你感觉绝对安全舒适时，请设计一个只有自己知道的手势来代表"安全岛"，通过心理暗示，将其刻印在自己的潜意识里。在以后的日子中，当你内心有需要时，只要一做这个手势，就可以回到"安全岛"。

最后，当自己的情绪变得平静或愉悦时，慢慢地睁开眼睛，再一次确认自己的放松感。当然，这个练习不一定是要以回到当下而结束，如果是休息时间，我们可以直接进入睡眠状态。

杨绛先生说过："人虽然渺小，人生虽然短，但是人能学，人能修身，人能自我完善，人的可贵在于人的本身。"在掌握管理不良情绪的方法时，我们也要认识到：人生就是一个不断遇到问题，不断解决问题的过程。在处理坏情绪的过程中，我们的心理建设能力会得到提升，思想和灵魂得到成长，心智也更加成熟。

第七课　打开格局，放眼看世界景象

我们常常听到这样的话："一个人的格局，决定了他的结局。"由此可见，格局，可以决定我们的命运，格局带来的正面影响将让我们受益终身。

那么什么是格局呢？

简单来说，格局就是指一个人的思想、眼界、精神等要素的内在布局。它体现在一个人所追求目标的高度、眼界的广度、思维的深度，以及这个人身上所体现出的从容大度。

作家李月亮讲过一个故事，李月亮有个表嫂，体形宽厚但是气量很小。有一天早上五点半，她给李月亮打电话，说自己和一个亲戚吵架了，对方还在朋友圈指桑骂槐地说她，给她气得一晚上没睡着，还让李月亮帮她想想怎么骂回去。

和那个亲戚的恩怨纠葛概括起来也不复杂，表嫂儿子升学宴，对方包的红包太小，她有点生气，后来对方生病她就没去看望。这下矛盾彻底升级，两人见面不是互不理睬就是"当面对质"，总归不能愉快收场。

李月亮听着表嫂的吐槽，也没听出有什么大不了的事，只是感觉每个环节，其实都可以单方面停住，各自老老实实过自己的日子，但她俩偏偏都选择把一件小事复杂化，你争我斗整整一年。

李月亮劝表嫂算了吧，不要为了这点小事让自己的生活过不好。没想到表嫂却瞪大眼睛驳斥："小事？你不知道，她那朋友圈，每个字在我心里都像鼓那么大！"紧接着又是一轮咬牙切齿的吐槽。

这件事让李月亮不无感慨：人啊，还真是格局决定命运，起码决定生活质量。明明可以一笑了之的事，非要拿一年的时间去争斗，去怨恼，多浪费生命啊，多影响心情啊。

格局，说起来很简单，实际上许多人正是因为打不开自己的格局，反而被自己束缚。

接下来我们就来探讨一下到底是什么影响着格局。

认知影响格局高低

电影《教父》中有一句非常经典的台词:"花半秒钟就看透事物本质的人,和花一辈子都看不清事物本质的人,注定是截然不同的命运。"

很多时候,我们评估一件事情很容易受表面因素的影响,然后粗浅地对这件事情下定义。

格局决定我们眼中看到的世界有多大,而我们的行为会受自身认知能力的影响。

假如我们的认知水平很高的话,看问题的角度就会更全面透彻,生活也会越来越顺,相反,假如我们的认知水平极低,就会活在自己狭小的世界里,固执己见。

举个例子,十五岁男孩刘学州寻亲的事,曾一度引发关注。

这个孩子从三个月大到十五岁,前后五次失去了家。经历了被亲父卖掉,养父母去世,患上抑郁症等不该发生在一个孩子身上的悲剧。哪怕他找到亲生父母,仍然被各自重新组建新家庭的他们拒之门外。

刘学州提出想和父母有一个家,不管买的也好租的也好，只要是和父母共有的，都行，都是他的家。但是这对父母却认为这是他在要挟他们，不仅在网上曝光他的"险恶用心"，还给他贴上"白眼狼"和"网络乞丐"的标签。

一些不明真相的网友以为自己被戏耍，被利用了同情心，没深究事情的真相到底如何，就愤怒不已，纷纷指责刘学州，而经历反复被抛弃和网暴的刘学州就此结束了自己的一生。网友们直到真相大白后才知道，错的从来不是那个可怜的孩子，而是那对自私的父母。

是非对错的问题我们暂且不论，为什么我们总是容易被眼前的"真相"影响思考能力和情绪，做出错误的判断呢？

心理学上有个著名的理论叫"个人构念理论"，它的意思是每个人的决策，都是基于过去的生活经验、社会阅历和自己的价值判断而做出的。

尤其是在网络发达的今天，我们会在网上看到大大小小的类似事件，所以当遇到相同或相似的场景时，我们习惯用以往的经验做出判断。

我们坚信自己的判断是正确的，但事实上，我们议论的是别人的事，发泄的却是自己的情绪。

美国学者桑斯坦把这一现象称为"信息茧房",他认为当一个人长期生活在自己所构建的信息茧房中时,久而久之就会被自己的选择封闭,只能感受到自己选择的或者是想要感受到的领域,对该领域之外的东西逐渐失去接触的机会。

美国社会学家拉扎斯菲尔德等人也发现:"人们原本的选择倾向在很大程度上影响着他们的媒介接触行为,受众更倾向于接触那些与自己原有立场、态度一致或接近的内容。"

也就是说,我们所看到的世界永远是自己内心世界的折射。格局大的人,从来不会被外界左右,比起表面看到的,他们更愿意去深挖背后的真相。

而格局小的人,总是选择性看到自己想要看到的,从而忽视了一些事实的真相,困在自己的信息茧房里,被周围的人和事操控心情,左右情绪。

眼界决定格局大小

樊登曾经说过一句话:"眼界,是学习撑大的。"知名商业顾问刘润在这句话的基础上加以引申:"格局，是眼界撑大的。"

之前在网上看过一个小故事。有一个男生单身很久了，朋友就介绍了一个同样单身的姑娘给他。朋友把社交软件上的联系方式一并给了这个男生后，男生点开姑娘的头像看了看，头像照片是姑娘的自拍，脖子上那条白金项链很是惹眼，这个男生直接拒绝了朋友的好意，理由是这样的：

"像这种连头像都要炫耀首饰的女孩，一般都很虚荣。喜欢在朋友圈里发九宫格自拍，晒这个晒那个。我不喜欢这种没见过世面又虚荣的女孩，跟我肯定合不来。"

男生的朋友听完这段满是嘲讽意味的话，只是平静地告诉他："这项链是女生的外婆送给她的生日礼物，自从她的外婆过世之后，她就再也没换过头像。"

这就是非常典型的眼界窄格局小的例子。

很多人在生活中总习惯以自己的所见所闻为标准，来分析和判断他人，并以为对方也是这样。

这其实是一种错觉，奥地利著名心理学家弗洛伊德将其称为"投射效应"，简单来说，就是把自己的喜好、观点、情绪、判断等，在不知不觉中投射到别人身上，认为别人就是自己认知中的那样。

有心理学家曾经做过一个非常有意思的实验，他找来一群被试，并在他们脸上画了一道疤痕，当被试对着镜子看到自己脸上的伤疤后，又在他们不知情的情况下偷偷擦掉了伤疤。

接下来被试在大街上转了一圈，等回来后，他们纷纷反映自己总是被路人盯着脸看，而且路人的态度极差。

很明显，在这个实验中被试把自己的想法投射到了别人的身上。

成语"疑邻盗斧"讲的也是同样的道理。一个人只因怀疑邻居偷了自己的斧头，就觉得邻居的一举一动都像小偷，但是最后却发现斧头根本没丢，这也是典型的投射效应。

投射效应让我们像一只井底的青蛙，误以为自己看到的一角就是整个天空。

就像心理学家麦基所说："你看见了什么，才会去拥抱什么，你拥抱了什么，最后才能成为什么。"

世上无难事，只要心胸宽

说到这里你应该发现了，格局说起来很大，实际上影响着生活的方方面面，工作、交友、婚姻、学习等这些与我们密切相关的事情处处彰显着一个人的格局。

同样是工作不顺利，有的人一蹶不振，不是埋怨老板就是埋怨同事，而有的人却能从中找到新的契机，再次翻身；同样因为某件事和朋友有分歧，有的人一笑了之，有的人却把这件事放在心上，始终不能释怀，甚至失去了一个又一个朋友；同样是为某件事努力奋斗，有的人目标明确，一步一个脚印，有的人却像无头苍蝇到处乱撞，一事无成。

当你打开格局后，会发现这些看似难以解决的问题，实际上轻而易举就能解决。

再来讲个故事。

有三个人到工地来打工，他们一边砌墙一边聊天。第一个人说："我真没用，我居然在砌墙。"第二个人说："不，我们是在盖一幢大楼！"第三个人则看着川流不息的车辆说道："你们说得都不对，我们是在建造一座全新的城市。"多年以后，第一个人还在砌墙，第二个人成了一名工程师，第三个人成了前两个人的老板。

故事虽然老套，但我们可以尝试分析这里面的道理：为什么三个人结局不一样呢？

答案依旧是格局不同。

很显然，第一个人否定自己的能力，看到面前的水泥砖瓦，就认为自己这辈子只能砌墙。第二个人较前者来说好一些，从一砖一瓦中看到的是自己建造一幢大楼的能力。而第三个人的眼光却从当下看到了整个城市建设，所以他走得更远。

那么，怎样才能像故事中的第三个人一样打开格局呢？这里有四点建议也许可以帮到你。

- 培养"破局思维"

在现实生活中，你一定遇到过这样的情况：你想攒钱，就节衣缩食地省钱，到头来还是口袋空空；你想减肥，就忍饥挨饿拼命节食，但还是不断复胖；你想做出业绩，每天加班加点地忙，最后还是比不过别人。这些问题像个死循环，让你明明付出很多却看不到回报。

作家马华兴在《思维破局》里写道："只有没想

通的人，没有走不通的路。解锁生活中很多困局的钥匙，就在思维。思维一变，就如同推倒第一块多米诺骨牌，后边的行为会跟着变化，最终产生戏剧化的效果。"

所以，要想改变眼下的情况，首先要做的就是建立自己的破局思维。

何为破局？

爱因斯坦曾经说过：一个层次的问题，很难用这个层次的思考方式来解决，我们需要靠更高维的思维来"破局"。

通俗来说，破局指的是努力突破现有的局限，尝试站在更高的思维层面来看待问题和解决问题。

比如你想攒钱，就不要只想着从鸡毛蒜皮中去省，而是在当下的基础上努力突破，提升自己的个人价值，从而赚到更多的钱。

看清当下的困局，树立破局思维，凡事跳过眼下往远处想，见过更广阔的世界，和层次更高的人交流过，你就会明白眼下的问题或是成绩只组成了你前进路上很小的一部分。

- 读书

有句话说:"格局,就是你读过的书,走过的路,遇过的人。"

当你没办法走很远,见很多人时,想要增长见识最简单最高效的方法无疑就是阅读了。阅读的类型建议从国内外经典文学名著和心理学、社科书入手。

经典文学所提供的对人对世界的感悟以及哲理,对解决我们生活中的问题有很大的帮助,让我们不再那么执拗,不再执着于眼前的鸡零狗碎。

心理学书籍同样是科学而理性的,能帮助我们解决很多现实问题。比如提升自我认知、处理与他人的关系、建立科学思维、学会用科学的视角去解读他人的一言一行,也能帮助我们在工作生活中做出决策,知道自己应该相信什么和做什么。

当你真正爱上读书时,就能不断拓宽自己的世界,自身的眼界和格局也就形成了。

- 旅行

有机会的话,一定要出去走一走,因为一个人见过的越多,他眼前的世界就越开阔。

就像那个被婚姻困了半生的五十六岁阿姨苏敏,

原生家庭没有善待她，进入婚姻后夫妻关系也不和谐。生活看不到一丝希望，她患上了严重的抑郁症。

偶然看到一位博主分享自己自驾游的经历后，苏敏才知道原来世界这么大，人还可以这样活。

2020年，她不理会丈夫的嘲讽和挖苦，开着汽车出发了。如今，苏敏走遍了中国，看到了更加广阔的天地和更美好、自由的生活，不仅思维开阔了，而且拥有了不一样的气度和人生格局。

她不再怨恨丈夫，而是站在另一个角度审视自己的婚姻，她说："一个人这样挑挑拣拣一辈子，费尽心思让另一个人不舒服，也挺可悲的。"自此过去的不如意通通放下，苏敏有了热烈追求自由生活的底气。

她想告诉所有被生活困住的人："如果你真的不堪生活的压力，喘不过来气，你也可以借鉴我的这种方式，我指的并不是像我一样出来这么久在外面，而是你也可以用之前从未看到的角度去规划你的生活。"

想要拓宽视野，增长智慧，不妨出去走走，当你对这个世界有了更丰富的认识后，自然可以拥有更大的格局。

• 换个圈子

有心理学家提出人类的四大社交需求，即亲密依赖、社会融入、价值认同、建议指导。

满足这些不同社交需求的唯一方法，就是让我们的社交关系网更加多元化。

人是群居性动物，离不开社交。如果你很难在一个交友圈子里汲取到这四个社交需要，就意味着必须换一个更优秀的圈子了。

因为跟什么样的人在一起，混迹在什么样的交友圈，往往影响到你看问题、解决问题的方式。

举个例子，假如你身边的朋友整日抱怨自己工作不顺，遇事只会把责任往别人身上推，你会潜移默化地受到他的影响，把自己困在一个负能量的牢笼里。去接触更多优秀的人吧，从他们那里学到的东西会让你成熟、成长，甚至成就你的格局。

想要不断提升自己的眼界和格局其实很简单，跳出自己一成不变的思维，读更多的书，走更多的路，遇见更多的人，总有一天你会看到更广阔的世界。

第八课　明确工作与生活的边界

"我真的好累啊,心力交瘁,快撑不住了。"来访者小晨如是说。

小晨在一家大型游戏公司上班,工作很忙,忙到没时间恋爱、交友。毫不夸张地说,工作占据了他大部分的时间,导致他很少有放松的时候。

每天熬夜到两三点,白天再拖着疲惫不堪的身躯继续去做自己提不起兴趣的工作,开不完的会,写不完的方案,出不完的差,好不容易有点休息时间,只想瘫在家里,朋友们也都渐行渐远。

尽管小晨尝试过缩短睡眠时间以及同时完成多件事来提高工作效率,可工作与生活依然处于一种严重的失衡状态。

小晨的情况并不罕见。美国研究者曾做过一项社会调查,其中有三分之二的参与者认为,因为忙于工作,他们没有时间留给自己或者陪伴家人。

精神病学家爱德华·哈洛韦尔也表示:"忙碌成了一种新的流行病。"

为什么我们的生活总是受工作影响?工作与生活的界限到底如何界定?今天我们就来好好聊一聊。

拒绝情绪转移:别做"踢猫"的那个人

有一位男士在公司被领导训斥了一顿,怒气冲冲地回到家后,对着在沙发上跳来跳去的孩子就是一顿臭骂。孩子心里窝火,对着脚边呼呼大睡的猫踹了一脚。受惊的猫逃到街上,差点撞上一辆卡车,卡车司机避让时却把路边的孩子撞伤了。

这就是心理学上著名的"踢猫效应"。

它指的是人的坏情绪会沿着等级和强弱组成的社会关系链条依次传递。由金字塔尖一直扩散到最底层,无处发泄的最弱小的那一个元素,则成为最终的受害者。可以说,这是一种典型的心理疾病。而我们会被工作影响心情进而影响生活,罪魁祸首也是"踢猫效应"。

当我们在工作中受到来自领导、客户的挑剔或者批评时，假若无法正常宣泄和排解自己的不良情绪，就会将这份情绪带到生活中，而身边的亲人、朋友、宠物甚至路人，都会成为我们的"出气筒"。

虽然我们明知这些比我们弱的人和事物不该承受这份怒火，事情过后也会因此更加自责，但是依旧难以控制自己。

这也是我们难以平衡自己的工作和生活的第一个原因。

明确工作的意义

说到这里你也许会反驳：重心放在工作上难道不好吗？工作本来就比闲着有价值啊！

的确，工作带给我们的不仅是经济上的利益，更是对自我能力的认可与满足。但这一切的前提，是我们既能高效率地工作，又能合理安排自己的生活，而不是陷入工作即一切的误区。

作家布里吉德·舒尔特认为，人们之所以会让自己持续忙碌，一部分原因是如今的工作环境鼓励人们成为"工作狂"。越来越多的人认为，只有不断工作才能证明自己有能力、有责任心；甚至还有一部分比较空闲的人会假装自己很忙碌，因为他们害怕一旦自己比他人闲，就会被指责不合群或者工作懈怠。

布里吉德·舒尔特还发现，相较于男性，女性从小被教育要考虑他人的需求，因此更难做到理直气壮地享受休闲时光。

身边有位女性朋友就是个例子，生完孩子后，不等产假休完，她就迫不及待地回归职场。问她为什么，她的答案是，闲着让她焦虑。

每当傍晚看到下班回家的人们，她都会责备自己："大家都在工作，只有你毫无产出。"

很多人都和这位朋友一样，没有理解工作真正的意义，对闲着有深深的误解，无论什么时候，好像"没有工作"都能成为自己被负面评价的原因。

工作本身并没有不对，但只为工作而工作，就未免太可悲了。

我们工作是为了让自己的生活变得更好，更理想，这也是工作最质朴的意义。一旦遗忘了这一点，人们就会被工作束缚，生活也会陷入僵化的状态，而这正是难以平衡工作和生活的第二个原因。

你的时间真的规划好了吗?

很多人觉得,自己的工作忙,是因为时间不够用,所以才会把休息时间用于工作。

这恰恰是难以平衡工作和生活的第三个原因。工作生活失衡,很可能是因为你的时间管理不够完善。

前面我们提到的来访者小晨,为了"节约时间"曾经尝试过同时完成多件事,比如写策划书的时候暂停下来罗列演示文稿(PPT)提纲。

看似把碎片化时间都用来工作,实际上,每中断一次再开始都要花更多的时间重新集中注意力,导致有效工作时间大打折扣,这也是明明忙个不停,却还是没有一点放松的时间的原因。

我们再来回想一下,你在处理工作时停下来看短视频或者和别人吐槽几句,你觉得自己在工作之余得到了放松,但是工作仍然处于待处理状态。你停下来的时间越久,焦虑感越重,因为你知道还有未处理的工作等着自己,于是只能将原本的休息时间用来继续工作。

所以,想要达到"工作—生活"平衡的状态,务必规划好时间,良好的时间管理能提高的不仅仅是工作效率，还有我们的工作质量，不至于让我们陷入越忙越乱，越乱越忙的恶性循环。

平衡工作与生活的具体方法

既然找到了原因，接下来我们就来讨论一下解决的办法。以下三点也许可以帮助你摆脱过度劳累的状态，平衡工作与生活。

- **明确目标，节约时间**

日本医生吉田穗波，生了5个孩子，但这并不影响她顺利从哈佛毕业。

在她的著作《就因为"没时间"，才什么都能办到》中，她提到自己的成功，主要在于高效管理自己的时间。所谓"时间"即今日要完成的工作与准备留给自己多久的休息时间。

比如你今日既要给客户写一篇文案，又要完成领导给你的安排，那么你就要规划好时间，什么事情是要先做的，什么事情可以暂时往后排一排，每件事情大概多久能完成。

要注意的是，在规划中，一定要尽可能减少碎片化时间，保留大段时间用于处理工作，这样也可以避免因休息与工作来回切换导致的时间浪费。

• 7天养成一个好习惯

养一个习惯，你觉得需要多久？21天？3个月？还是1年？

答案是：7天。

是不是觉得不太可能？实际上，我们之所以养不成习惯，是因为下意识认为这件事很难。

比如说尝试把休闲活动也加入行程安排中，周一健身1小时，周四和朋友聚会，周末陪父母吃饭……你下意识回绝："这根本不可能，不确定因素太多了，我不能保证做到。"

当你试图将一件事形成习惯时，找到你真正抗拒的那个点非常重要。你需要明确了解是什么因素阻碍了你的行动。这个点可能是懒惰，即你对于付出努力或行动的抵触感。另一方面，这个点也可能是客观问题，即存在某些本来可以解决的障碍或困难，使得你暂时无法采取行动。

首先，如果你发现自己的抵触点是懒惰，意味着你需要战胜自己的惰性并培养积极的行动力。这需要一些自我激励和时间管理的技巧。比如设定明确的目标和时间表，制订具体的计划和行动步骤，以克服自己的懒惰倾向。同时，也可以寻找激励自己的方法，例如奖励自己或与他人分享你的目标。

另一方面，如果你发现抵触点是客观问题，那么你需要找到这些问题的解决方案，并采取必要的行动来克服这些障碍。关键是认识到这些问题是可以解决的，而不是将其作为无法克服的障碍看待。

总之，要形成一项习惯，需要识别并解决真正阻碍你行动的因素。无论是懒惰还是客观问题，通过积极的行动和寻找解决方案，逐步克服抵触点，培养出坚持行动的习惯。记住，这需要持续的努力和毅力，或许只需要7天，但最终会为你带来积极的变化。

- **高效率工作，更要高效率休息**

这里要提醒大家的是，一定要有效地去休息，也就是说工作只放在工作时间，而不要一边休息，一边想着工作。

耶鲁大学医学院精神医学系博士久贺谷亮通过研究发现：人即使是在发呆的时候，大脑也还在高速地运转，同时消耗大量的能量。

在休息时想工作并不能解决你的工作问题，更不能提高你的工作能力，甚至让你在休息日也会身心俱疲。所以，让自己高质量地休息，才能更高效率地处理工作。

就像《奇葩说》辩手陈铭说的那样："工作和生活要有明确的界限，工作的时候你可能痛苦一点，做的事没有那么喜欢，但是你要全情投入，才能为你后面喜欢的事情留有一定的空闲。"

别为了他人眼中的价值消解原本属于你的放松生活，大多数人都只注重结果而不是你辛苦的过程。拿回生活的控制权，才能在接下来的工作中拥有更高的效率，在生活中拥有更多的闲适时光。

第九课　缓解社交压力中的情绪问题

网络上流传一句话：人 90% 的烦恼，都来自人际关系。

人是社会性动物，从孩童时期到成年，我们总会和形形色色的人打交道，若缺少必要的社交联系，不仅对生活有影响，更会对大脑造成损害。可以说，社交已经成为每个成年人必须面对的问题。

遗憾的是，并不是所有人都能轻松自然地和别人相处。

对很多人来说，每一次的社交，都会成为巨大的心理负担，他们无法从社交中得到乐趣和愉悦感，最终陷入害怕社交——不想社交——缺乏自信、害怕失败——更加害怕社交的死循环中。

社交压力似乎也变成了一种精神疾病，在当代人之间迅速蔓延。

因此，如何缓解社交压力中的情绪问题，就成了打开人们成功之门的一把关键钥匙。

社交压力的本质,是害怕失败

在探索社交压力之前,我们先了解一下"社交压力"一词从何而来。

社交压力是指个人在社交互动中所感受到的压力或负面影响。它是来自社会环境、他人期望以及个人内心的一种压力感受。社交压力可能源自各种因素,包括但不限于以下几个方面:

1. **社会期望**:社会对个人的期望和要求可以给予人们巨大的压力。这些期望可能包括在特定场合表现得体、符合社会标准、取得社会认可或在人际关系中表现出色等。

2. **群体压力**:个体往往希望被群体接受和认同,但这也会导致社交压力。人们可能会感到压力,因为他们担心自己的言行会不受他人喜欢,或者害怕被排斥、孤立或嘲笑。

3. **自我要求**:个人内心的期望和自我要求也会成为社交压力的来源。对自己过高的标准、恐惧失败或被拒绝，或者对自己的外貌、能力、社交技巧等方面有过度的自我批评，都可能导致社交压力。

4. 比较心理：社交媒体和虚拟社交平台的普及，使人们更容易陷入比较心理。看到他人在社交媒体上展示的美好生活或成功经历，可能引发自卑感和社交压力，认为自己无法与他人相比。

5. 恐惧和焦虑：一些人天生更容易感到社交焦虑或恐惧，他们可能害怕与陌生人交流、害怕在人群中表现或发言，或者害怕被他人评价、批评或拒绝。这种恐惧和焦虑感可能导致社交压力的增加。

在人际交往过程中，很多人或多或少都会有紧张、激动、恐惧的情绪，尤其是在重要场合面对重要人物时，这些情绪会在瞬间到达顶峰。

这些带有主观色彩的负面情绪都是因我们尝试新鲜事物而产生的正常反应，大多时候都能起到正面的作用。

但有一些人却会被这些情绪困扰，在与人交往的时候，觉得不舒服、不自然，紧张、焦虑、恐惧，这样的情绪会给人际交往带来很大的困扰。心理学上称之为社交焦虑障碍，也就是我们所说的社交压力。

假设要和一个陌生人见面，正常人会像面对所有熟识的人那样，应对自如。我们再来看看患有社交焦虑障碍的人的心路历程。

见面前：这次见面很重要，要是我搞砸了怎么办？我要说些什么呢？

见面时：提前准备的台词一句都说不出来，我这样说他听了会不会很烦？

见面后：我当时不应该那样做／说的，我真是太差劲了，这都做不好。

在职场中，这样的情况可能会导致人际关系变得格外艰难，甚至工作都受到影响。试问哪个同事和领导喜欢和一个眼神躲躲闪闪，说话支支吾吾的人共事呢？

而在亲密关系里，有社交焦虑障碍的人，同样会害怕自己的笨拙、愚蠢暴露在爱人、朋友面前，更害怕因此遭到对方的鄙夷或指责。

所以，简单来说，社交压力的本质其实就是四个字——害怕失败。

这种恐惧，会使得每一次社交都变得艰难，社交恐惧者一边不断做自我心理建设，一边无力承受恐惧带来的负面情绪与消极影响，从而变得自卑、慌乱、不善言辞，仿佛全世界只剩下自己被孤独包围，越来越悲观消极。

内向和社交焦虑是两回事

很多人喜欢把社交焦虑和内向画等号,但其实内向和"社交焦虑"完全是两码事。

英国心理学家吉莉恩·巴特勒指出:内向只是一种生活方式,内向的人不一定对社交感到恐惧。

1921 年,卡尔·荣格在《心理类型》中也曾提出内向的概念,他认为,内向人群的心理能量指向内部,因此比起与人交往,他们更在意自己的心理感受,喜欢通过独处从精神世界和自己的内心获得能量。

所以内向者虽然不一定喜欢社交,但基本的社交能力还是具备的。相比社交焦虑者,内向的人通常能够良好地适应工作和生活中的社交环境,可以轻松自如地与人交流,甚至可以进行公开演讲。对他们来说,社交并不是令人恐惧和紧张的事情,就像你独处只是因为喜欢独处,并不是因为你孤独寂寞,这只是你的生活方式而已。

而社交焦虑的人是从内心抗拒与人交往的，他们的性格也不一定是腼腆的，开朗、外向的人也会有社交焦虑。

有社交焦虑的人处在公共场合中会感受到巨大的压力，他们随时想要逃离这种场合，在与人交往过程中更是缺乏信心。如果一个人对别人的评价和态度感到紧张和恐惧，并且这种表现持续超过6个月，那他就可能已经有社交恐惧症了。

内向不是缺陷，只是一种性格状态

刚刚提到，内向只是一种天生的性格，是一种自我选择的生活方式。只是一直以来，内向都被我们当作一种性格缺点，认为内向就是不合群、孤僻。

心理学家武志红曾说："内向是对内向者的保护，外向是对外向者的嘉奖。两者只有差别之处，绝无是非对错之分。"

美国著名作家苏珊·凯恩也认为："这个世界上有1/3的人是内向者，而内向者同样拥有优秀的品质。"

只要注意内向性格别向社交焦虑转变，就没有什么不好，相反内向是一种很吸引人的特质。如果你因为自己的内向性格而苦恼，不知道如何适应社交需求的话，这里也有一个建议，那就是不要强行改变自己，而是发挥自己独有的优势。

"我们眼里别人对我们的看法，其实是我们对自己看法的映射。"

很多内向性格的人羡慕外向者的活力四射，想要改变自己，成为那样的人，但其实最后会丢了内向赋予你最宝贵的东西。所以，无须强行改变自己的个性，发现并充分利用自身的优势，就能成就自己的价值。

关于"社恐"这件事

判断完自己是不是内向的人，我们接着学习如何判断自己有没有社交焦虑。

我们来做一个小测试，看看是否符合以下条件：

1. 面对他人的注视会产生长期而持续的恐惧感，并担心自己是否正在出丑；

2. 与人讲话时经常大脑一片空白，心跳加速、面红耳赤，不敢抬头，不敢与他人对视，并且出现焦虑的症状；

3.害怕公共场合且尽可能回避麻烦的社交场景；

4.把每一次社交都当作一种考验，觉得自己表现不够好，对方可能不喜欢自己。

如果你有任意一条确定地打上钩，那就要小心自己是否有社交焦虑了。

那么，社交焦虑者应该怎样应对社交中所遇到的问题呢？

这里有三点建议：

• **从交一个朋友开始**

社交焦虑最大的苦恼就是不懂、不敢与人交流，更不要说和多个人进行交流了。

曾有位患社交焦虑症的读者说，自己特别想打破这种孤独感，于是逼着自己逢人就聊天，逼着自己广交朋友，但最后他又开始为如何维系友谊而焦虑，结果是一个朋友都没有获得，好不容易鼓起的勇气也消失了。

我给他的建议是尝试先和一个人建立联系。这个人没有特殊指定，可以是随便在某个场合聊起来舒服的陌生人，简而言之，只要你觉得压力没那么大，都可以尝试维系。

这样的好处是可以提高我们心理上的安全感，因为不用花费很多的精力去维持这段关系，聊得来就聊，聊不来就散，不会对我们造成任何压力。

- **减少自我关注**

很多时候，社交焦虑者之所以觉得自己在他人眼中不完美，正是因为对周围环境过度揣测以及自我怀疑。

有时候你认为自己的表现使得自己成为人们耻笑的对象，实际上大家内心却可能对你有着极好的评价。

所以减少自我关注，把注意力放在别处，别管做得好不好，尽力去做就是最好的。

- **为你的进步做记录**

吉莉恩·巴特勒在《无压力社交》中提到的一个方法，操作起来很简单，找一个专门记录的本子来记录自己的进程，比如说：今天社交焦虑是如何影响我的行为的？我希望做出什么改变？我做了细微的改变后有什么效果？

为自己的行为做记录可以找到社交焦虑症影响我们的原因，还能找到属于自己的目标，做出更进一步的改变。

用沟通技巧避免社交障碍

当你一步步展开新的社交篇章时，可能会因为社交中存在的不愉快而重新自我封闭。这个时候，学习一些沟通小技巧就很有必要了。

希望以下两个小技巧能够对你有所帮助。

· 直观表达你的感受

我们总是被教导说，与人沟通，说话要尽量含蓄，不要太直接。但实际上，直截了当表达自己的想法，更能避免出现矛盾和冲突。

比如当对方讨论到我们不感兴趣的话题时，不妨坦率告诉对方自己的意见，不需要为了社交而去迎合。

这样做，一方面可以避免今后产生分歧，另一方面，当我们真诚地表露自我时，也能换来他人的尊重，找到真正观念契合、三观一致的朋友。

- **不要畏惧失败**

我遇见过的很多社交焦虑者之所以害怕社交，主要就是因为缺乏信心，害怕自己的主动会遭到别人的拒绝，这就容易造成人际交往障碍。

有位来访者说觉得社交很累，因为她经常会陷入对别人的态度以及评价的焦虑之中，这种焦虑让她连与人对视都觉得害怕。

这种焦虑与恐惧本质上其实就是认为"我太糟糕了，所以才被拒绝"，为了逃离这种焦虑，我们才会选择躲在角落里不敢迈出脚步。

但是长期处于焦虑状态，对我们的身心会有巨大的损耗，而且不可能一辈子没有社交。

所以，当你鼓起勇气迈出第一步时，不管对方有什么样的反应，你都是最棒的那一个，因为你做出了改变，接下来只要满怀信心地进行沟通并坚持下去，总能找到聊得来的那一个。

沟通小贴士

如果你已经做出了足够多的改变,那么接下来这几个沟通小贴士你一定也用得上。

- **多倾听**

我们总觉得,多说是展示自己,是拉近距离最有效的方式,但其实有时候真正有效的沟通方式,反而是倾听。

日本著名企业家松下幸之助早年有一个故事广为流传。当时受日本经济低迷的影响,松下电器陷入了困境,松下幸之助想彻底调整整个销售体制,但是遭到了大部分销售行与代理店的反对。

松下幸之助没有生气,他组织了一场会议,让大家各抒己见,他自己就在别人说的时候静静地听。等到所有人说完了,他才说出自己的想法。神奇的是,这一次那些之前反对他的人并没有再反对。

谁都不喜欢总以自己为中心的人,只有很好地倾听别人说的,才能更好地说出自己的。

所以,当对方敞开心扉与你交谈时,别随意否定,也别轻易评价,耐心听听他人的想法,是给他人尊重，也是给自己尊严。

- **多理解**

除了倾听以外，学会换位思考，同样比急着表达自己更重要。

之前有人在网上发问："那些为了省100元钱去坐火车硬座的人都是怎么想的，真的会有人这么省吗？"下面有人回答："我没有坐过硬座，但我能理解这些省钱的人。"

你的生活不代表别人的生活，同样，你的感受也未必是别人体会到的。当你懂得站在对方的角度看待问题时，往往更容易获得别人的真心，拉近彼此之间的距离。

- **避免情绪化**

卡耐基曾经这样说："如果你是对的，就要试着温和地、富有技巧性地让对方同意你；如果你错了，就要迅速而热诚地承认。这要比为自己争辩有效和有趣得多。"

在人与人的交往中，出现分歧再正常不过了。这时候别急着发火，也别急着证明自己是对的，更别随意揣测别人是怎么想的,避免情绪化的思考和行为,把话说清楚,才能更好地互相理解,解决问题。

第十课　摆脱情绪化处理问题的方式

　　本课内容开始前,先给大家分享一个真实的故事。

　　美国有个叫格伦·斯特恩斯的富豪曾经参加某档综艺节目,他带着100美元和一辆卡车随机来到一座城市,挑战在90天内创建一家估值100万美元的企业。实地考察后,他准备开一家烧烤店,并创立自己的啤酒品牌。

　　烧烤店开业前夕,店里的厨师却买了一车冰冻的肉,导致烤肉无法顺利腌制,仅有的可食用的肉很快就卖光了。

　　格伦察觉到这一情况后当即提醒了厨师,没想到第二天依然出现了类似情况,格伦批评厨师准备工作做得不好,并叮嘱他一定要为第三天的营业做足准备。

　　结果厨师因为觉得当众丢脸而恼羞成怒,一把摘下麦克风摔到地上扭头就走,整个节目组的工作人员不得不暂停工作安抚他的情绪,格伦也主动向他道歉，场面一度紧张又慌乱。

从厨师的身上，你是否看到了熟悉的影子？

我们身边的人，甚至是我们自己都有这样的时刻：特别容易生气，一点就着，对身边的人没有坏心，却总是控制不住发脾气；容易沮丧，闷闷不乐，一件不顺心的小事就能难受好几天；总是因为别人一句话而胡思乱想，钻牛角尖；很讨厌别人指责自己，情绪容易表现在脸上且失控……

作家佐藤传说："人只要一变得情绪化，原本能够解决的问题，也变得无法解决了。"

每个人在生活中，都会遇到各种各样的问题，有些问题明明可以毫不费力地解决，却因为性格过度敏感，难以保持情绪的稳定而把事情搞砸，不仅浪费了时间，还伤人又伤己。

因此，如何避免情绪化，妥善处理负面情绪，对我们来说尤为重要。

觉察那些容易忽略的敏感情绪

在寻找处理这些负面情绪的方法之前，不妨先来回想一下，在坏情绪出现之前都发生了什么。

有位来访者曾跟我们倾诉，说自己在公司有个非常要好的同事，她们经常同进同出，周末还会约着一起逛街。但这天她来到公司，发现平日和自己关系最好的同事却和其他人说说笑笑，自己根本插不进去话。

她先是有点吃醋，随后觉得自己不该这样想，紧接着又忍不住胡乱猜测起来："是我做了什么惹她不开心了？还是她觉得别人比我更适合做朋友？"

最后得不到一个具体答案的她感觉很生气，甚至想发怒，对着要好的同事说话时就有些刻薄。她很后悔，却又控制不住自己，她不知道自己为什么总是这样，敏感多疑不说，只要心情不好就特别容易发脾气，非常情绪化，最后工作没干劲，对人也没耐心。

其实从这个例子我们可以发现，很多情绪并不是单一的，就像我们所举的例子那样，如果你只感到"吃醋"，就是单一情绪，而感到生气、愤怒，就是带有"吃醋 + 生气 / 愤怒"的复杂情绪。

萨特曾针对现象学、心理学与情绪心理学转向存在论的过程进行研究，在他的著作中，他把这些被我们忽略、压抑的复杂情绪称为"无意识能量"。

萨特解释,无意识能量让我们从一个有机主体,变成了一个非有机的主体。换句话来说,我们对坏情绪的感知被客观的复杂情绪掩盖,坏情绪本身便不再"纯粹"。

但是,当我们意识到这些复杂情绪的存在时,就能脱离这种情绪敏感的状态,最终掌握情绪的主导权。

比如上面的例子,如果我们因看到要好的同事和别人亲密而吃醋生气的话,看似我们是因对方的行为生气,但有可能此时的"愤怒"来源于内心的占有欲、自卑感以及惧怕失去。如果我们能意识到这些,就能从源头控制自己的坏情绪。

过度敏感型人群的特质

心理学家伊莱恩·阿伦曾把过度敏感的表现概括为:容易受刺激,容易感到疲劳,对光线、声音、气味等特别敏感;厌恶人多、嘈杂的环境,需要独处,喜欢自然和安静的环境等。

比如别人稍微用力一点关门，你就会觉得是不是自己说话太大声，或者哪里做得不好，他摔门是摔给你看的；给朋友评论朋友圈，发现朋友回复了别人，但没有回复你，你就觉得是不是自己做错了什么，你们的关系是不是疏远，不如从前了；穿了一套新衣服，同事见到你打量了一眼，你心里就开始乱想，是不是穿着不好看，他们会不会在背地里议论你……

工作室曾有位来访者苦恼地说，她自己就是过度敏感的人。

平常哪怕一件很小的事情，都会让她想半天：我这么做是不是对的？会给别人造成什么样的影响？后续事情会怎么发展？

一旦周围的人情绪有些许的变化，她都能明确地感觉出来，尤其是伤心、失望这样的负面情绪，她更是能先人一步发现端倪。

这让她的情绪总是处在不稳定的状态，她会经常怀疑自己是不是做错了事情，是不是得罪了别人。

比方说有一次，她给一个朋友发信息想让朋友帮点忙，但是那个朋友当时有事没看手机，就没有第一时间回复她。

于是她就开始胡思乱想,怀疑朋友是不是讨厌她,是不是在想着怎么拒绝她,哪怕后来那个朋友看见信息回复她以后,她还忍不住想是不是朋友在敷衍她。

毕业参加工作后,她又特别害怕自己被同事孤立,哪怕她并没有做错什么。有一次她看到有个同事在朋友圈晒了一张和另一个同事聚餐的照片,就赶紧去挨个翻其他同事的朋友圈,看她们是不是背着自己偷偷聚餐。

她也知道自己这样不对,可就是控制不住陷在自己丰富的内心世界里,总是要忍受许多像这样不是问题的问题。

其实,这也是现在很多年轻人的状态。

在意他人的眼光,为一些小事而情绪低落,被贴上"玻璃心"和"想太多"的标签,难以得到周围人的理解和体贴。

为什么会出现上述情况?简单概括起来可以分为两点来讨论。

• **认知和情绪的敏感程度太高**

伊莱恩·阿伦在研究过程中发现,过度敏感的人总是能敏锐察觉细微刺激，比如说他人细微的表情变化、不易察觉的气味等。

而会有这样的敏锐度并不是因为他们的知觉器官反应过度，而是认知和情绪的敏感程度太高。

有研究者曾利用功能性磁共振成像（fMRI）研究人类大脑的活动情况，结果发现，高敏感人群的大脑在处理信息时，比一般人更有深度、更精密。

但这也导致了他们能敏锐地察觉细节部分变化带来的感受和情绪不适，从而被误解为想太多、钻牛角尖，显得固执，难以沟通。

· 个体心理边界不清

心理学中的边界效应同样可以解释这个问题。

从社会心理学角度来说，所谓"心理边界"，其实就是每个人心中都有自己的"安全区"，区域内是你的爱好、权利、思想观念等可控的东西，区域外就是别人的思想等一系列不可控的东西。

心理学研究表明，90%的人际关系问题，都是个体心理边界不清导致的。

因为你一旦试图越界干涉别人的行为和思想，就会由此产生许多问题，这也是造成敏感心理的重要因素。

例如自己的好朋友和他人同样要好，你对此不满意却猜不透对方的想法，或者妄图跨过他人的心理边界来干涉对方的行为，这些活动都会给自己和他人带来无尽的困扰，影响到彼此的正常生活以及人际关系。

面对此类问题我们要做的是：控制自己的言行或心理感受，划定恰当的心理边界，避免被周围的环境和他人的行为影响，保持自我的情绪平稳。

抓住情绪中的小细节

知道了情绪化的特征有哪些后，我们再来说说人为什么会变得"情绪化"。

心理学上有一个著名的定律叫作"情绪定律"，它指的是每个人都是情绪化的，而且我们所做的决定都是被情绪支配的。

那让我们变得"情绪化"的原因就是情绪本身吗？并不是。心理学上认为，情绪只是以个体愿望和需要为中介的一种心理活动，本身并不存在任何问题。

情绪化的根源,往往来自我们自身,概括起来有以下两点:

- **自动化思维**

这是认知行为疗法之父、心理学家亚伦·贝克在认知治疗中提出的概念,它是指人在受到某个刺激后,会根据自己的经验、知识在大脑中整合,然后做出相应的反应。

比如今天你的伴侣跟你聊天时有些心不在焉,你的第一反应可能就是怀疑对方有什么瞒着自己,但他可能只是有些累了而已。

你不死心地追问他,得到的回答却是:"跟你没关系。"这句话就是一次冲击,冲击又转化为"愤怒",让你习惯性地做出反应,比如言语攻击、惊慌失措等,让你陷入"情绪化"的状态中。

- **认知水平**

行为心理学中,有一个词叫"习惯性反驳",拥有这种心理的人常常高估自己的能力水平,却接受不了他人客观的评价,又或者是内心对自我期待极高,却因为各种外在因素难以实现，所以就将内心的冲突外化，通过发脾气、指责他人等行为释放出来。

其实，这不是谁对谁错的问题，而是认知不同造成的结果。

在心理学上，认知的过程是这样的：我们通过感觉、知觉、记忆等一系列形式获取信息，并将这些信息经过大脑的加工处理，转换成内在的心理活动，再由这些心理活动支配我们的行为。

也就是说，认知水平的高低，同样决定我们情绪化的程度。

假如雨后你正走在大街上，一辆汽车溅起的雨水落了你一身，对一部分人的认知来讲，这是小事，不值得一提，心情丝毫不会受到影响，但同样会有一些人，对这件事的认知是"愤怒""不可饶恕"，进而有一些激烈的想法，如"这人是不是故意的啊""我怎么这么倒霉"。

于是心里不痛快的感受马上就反映在脸上和行动上，继而很难控制自己的情绪。

不做情绪化的动物,做情绪的主人

到底怎样才能避免太过情绪化呢?我们可以从以下几点做起。

· 关注情绪

学会关注自己的情绪,比如愤怒、孤独、紧张、焦虑……

当你焦虑的时候,往深处找找,是什么让你焦虑?是没做完的工作吗?是对自己的不认可吗?

关注自己的情绪,找到情绪的根源,就能冷静看待问题,避免情绪化。

· 认可情绪

有来访者说自己经常控制不住情绪,哪怕一点小事情都能让她暴跳如雷,她特别讨厌这样情绪不稳定的自己,又不知道怎么改变。

我们给她的解决方案里有一点,就是认可自己的情绪。

认可,就是要认识到自己在某种状态下产生某种情绪是人之常情。注意这并不是为发脾气找理由,只有认可自己的情绪，才能将坏情绪转化。倘若一味地压抑情绪，时间久了对我们的身心都会造成一定的影响。

- **多维度思考**

学着多维度思考问题，就不能只站在自己的立场看待事物。

比如，你在工作中提出了自己的一点见解，遭到了领导和同事的反驳，你觉得自尊心被践踏，又不能当众发火，所以情绪就压在心里，一点就着。

这个时候，你就要学着问问自己：他们说的有没有道理？如果没有，那问题是出自我本身还是他们？如果有，我能从哪些地方进行优化？

借由这样的多维度思考模式，就能非常轻易地平复自己的心情，将注意力集中到事情本身，从而摆脱无意义的情绪影响，在坏情绪来临前解决它，并确保自己一直在做有价值的事情。

当然了，你还可以寻找一些释放情绪的合理方式，比如跑步、听音乐、看电影等。

有人说："一个人如果能控制自己的情绪、欲望和恐惧，那他就胜过国王。"

情绪反应，永远是来得快，去得也快。出现负面情绪不可怕，可怕的是你深陷其中，走不出来，无法自我抚平这些失控的情绪。

只要能够在当下克制自己，用更理性的心态去处理事情，衡量过度情绪化带来的后果，慢慢地，你就能够保持情绪稳定，从容又快乐地生活。

第十一课　亲密关系中的情绪枷锁

薄伽丘说:"真正的爱情能够鼓舞人,唤醒他内心沉睡着的力量和潜藏着的才能。"

爱情,是我们疲惫生活的解药,它能治愈孤独,安抚心灵,对每个人来说都是不可或缺的。然而,许多人走进一段亲密关系后往往会遇到各种情感问题:

"为什么我和他朝夕相处,却总觉得他遥不可及?"

"为什么她总是想要得太多,却并不会照顾我的感受?"

"为什么这段感情带给我的不是幸福,而是极度自卑和无尽的自我怀疑?"

建立健康的亲密关系,是一个需要勇气和耐心的过程,它需要你去面对,更需要双方共同努力。

这一课我们就走近爱情的真相,一一破解情感迷雾,帮助你从各个方面学会"爱",获得真正的幸福。

假性亲密关系——看似亲近，实则疏离

"虽然我已经结婚 4 年了，但是我时常感觉孤独。"来访者小林如此说道。

小林今年 32 岁，和丈夫结婚这些年，两人一直都是周围人眼中的"模范夫妻"，因为他们从来不吵架，不论小林提出什么要求丈夫都答应。谁又能想到，看似和谐的婚姻关系之下实际却是难以跨越的沟壑。

小林说，不知道从什么时候开始，她和丈夫的距离越来越远了，她遇到什么问题不再第一时间和他说，他最近发生了什么她也不知道。两人不再像以前那样吵吵闹闹，日常的对话像例行公事，旁人眼里他们从不吵架，夫妻恩爱，其实只有他们自己知道这种宛如一潭死水的生活到底有多窒息。小林不知道到底哪里出了问题，但又好像处处都是问题。

像小林和丈夫这样的问题关系，实际上就是一种典型的假性亲密关系。

那么什么是假性亲密关系呢？

心理咨询师史秀雄将其定义为一个场景："一方面，两个人的生活或许已经非常紧密地关联在一起，

一切日常活动都围绕着彼此安排，住在同一个屋檐下，经营着婚姻或家庭生活；另一方面，不知从什么时候开始，两人之间有了越来越多无法探讨的话题、不敢表达的情绪，以及难以掩饰的不信任和不安全感。"

陷入假性亲密关系的人，往往会像小林那样感到焦虑、惊慌、愤怒、害怕，而后渐渐对这段感情失望，想要逃避。

遗憾的是，经受过假性亲密关系的人，在进入下一段感情时往往会因害怕承担情感投入风险而回避付出，导致新一轮的假性亲密关系卷土重来，这些人很难在亲密关系中找到幸福。

PUA[1] 的真相：情感勒索

"我天天这么累，还不是为了这个家，你却这

---

[1] PUA 是 Pick-Up Artist 的缩写，意为"搭讪艺术家"，原指男性接受过系统化学习、实践并不断更新提升、自我完善情商以吸引异性的行为。现指用精神打压等方式，对另一方进行情感操控的行为。——编者注

样……"

"我这样做还不是因为爱你,你不答应就是不够爱我!"

"每次都是我让着你,为什么不是你妥协,假如你还要这样的话,我们就结束吧!"

这些"以爱为名"的话语,你是否也经常听到呢?

没错,这就是我们接下来要探讨的内容——亲密关系里的情感勒索。

情感勒索一词由美国著名心理医师苏珊·福沃德首创,它指的是亲密关系里的一种暴力行为,是以爱为名的操纵,打着"为你好"的名义要挟对方顺从自己的想法做事。

换句话来说,情感勒索就是包装成善意的"PUA"行为。

因为知道我们十分珍惜这段感情,所以亲密关系中的"勒索者"就会利用这个弱点胁迫我们让步,直至我们被罪恶感和自责压得喘不过气来。

有位来访者向我们倾诉了自己的情感经历。

她和男友在同一个公司上班,遇到他之前,她曾有一段不那么完美的初恋,所以她非常珍惜这段感情。男生对她很好，很爱她，她本以为男友就是"命中注定"的那个人了，没想到这段感情却让她好像变了个人。

男生会提出很多"奇怪"的要求，比如，在公司里最好不要说话，更不能不经过他的同意做出类似牵手的亲密行为；比如，周末不能跟朋友一起出去，因为要避免和异性接触；比如，她的穿衣风格必须按照他喜欢的类型来，穿稍微性感一些的衣服都会被他指责不自爱。

除此以外，他还经常打趣她胖、笨、丑，她变得越来越自卑，越来越害怕失去他，只要两人发生矛盾，她都会认为是自己做得不够好。

看到这里你应该发现了，所有的"PUA"行为都有些让我们讨厌的熟悉感。

无论被勒索者是多么优秀多么强大的人，只要遭遇来自父母、伴侣、朋友的情感勒索，就会产生焦虑、困惑、自我怀疑的心理，并且勒索者越过分，被勒索者越想得到来自对方的认可。

而这所有的精神折磨都被勒索者包装成一个理由："我太爱 / 需要你了。"

相较于假性亲密关系而言，情感勒索让你失去的不仅仅是感情，还有自信、健康、理智、人际关系，严重时还会影响身体健康。

亲密关系中的自我否定

接下来要探讨的这个问题，绝大多数人在亲密关系里都遇到过，那就是自我否定。

我身边有个姑娘，名牌大学毕业，就职于知名企业，长相不差，能力不差，十足的"人生赢家"。但和男友在一起后，她觉得自己非常差劲，以致经常没有安全感，还总是会下意识讨好男友。

"我个子也太矮了，真丑！"

"我只会做这个工作，不像别人什么都会，我真笨。"

"我什么都做不好，有能力的女生那么多，他很快就不会爱我了。"

一段健康的亲密关系，带给我们的应该是正向的成长，可为什么我们总是低到尘埃里呢？其实主要存在以下三个原因：

- **自我内耗**

关于自我内耗，心理学的解释是："人在管理自我的时候需要消耗心理资源，当资源不足时，人就会处于一个内耗的状态，长期如此会让人觉得疲惫不堪。"

日常生活中，我们难免会被动接收来自他人的否定评价，这些评价对我们来说不都是坏事，只要能够较好地理解和整合，就能将其转化为一种革新自我的力量。但如果因负面评价而使自己处于自我内耗的状态下，我们就容易产生"自我否定"或"自我批评"的想法。

比如伴侣指出你的穿着打扮哪里有问题，又或是无意中说了什么话，在个体"自我内耗"状态下，你就容易感到焦虑和无力，产生"我很差"的想法，无法控制地进行自我否定、自我批评，从而陷入情绪的旋涡。

- **自我隐藏**

茨威格说："你过着一种双重的生活，有一面只有你一个人知道，这种最深藏的两面性，是你一生的秘密。"

人都是双面性的，一面是真实的自己，另一面是伪装后显示给别人看的。

一些人进入一段亲密关系后，就会因为信任而把自己最真实的一面展现给对方，可有时换来的却是被嫌弃和指责的结果，那我们可能就会认为：真正的我，是不被爱的。

所以，即使我们重新给真实的自我穿上一层厚厚的伪装，内心依旧是极度自卑的，就如同我身边那位姑娘一样，不管在外的自我多优秀，她永远都在自我否定。

• **情感忽视**

如果说前两种是导致我们自我否定的个人因素，那么这一种就是来自他人的影响。

有网友分享自己的故事，说他的另一半只有在有需求时才会主动找他说话，而他的需求从来不被她在乎。而且即使两个人面对面坐着，他也不知道她在想什么，自己任何企图修补关系的行为都不会被她回应。这样的关系让他一度怀疑自己哪里出了问题，否则她怎么会如此冷漠。

如果你也有同样的经历，说明你可能正遭受来自伴侣的情感忽视。

情感忽视不像身体虐待和言语辱骂那样暴力，却依然充满了攻击性。国外有份心理研究显示，被忽视者会产生"不对等感""被拒绝感""被无视感""绝望感""越来越频繁地出现关于自我评价的挣扎感"。

而当被忽视者发现不管自己怎么努力都改变不了对方的态度后，他们就会打心底里认为：果然还是我太差了。

亲密关系中情绪问题的解决方法

看到这里，你可能会疑惑，既然情感问题这么多，且都具备不同的危险性，是不是就没有办法解决呢？

答案当然是否定的。所有的情感问题，其实都衍生于孤独和依赖，那么我们该如何解决呢？

答案就是自我独立。

下面我们就来一一细说。

· 孤独

芝加哥大学心理学教授约翰·卡乔波认为：孤独是一种有用的"社交疼痛"，它提醒我们，当你在一段关系中感到孤独时，就要着手修复破损的关系，或是去寻找更多的社会联结。

美国著名演员斯嘉丽·约翰逊有过两段失败的婚姻，离婚的原因除了职业造成的聚少离多以外，更多的是在这段婚姻里心灵的不同步。

这种不同步带来的孤独让她一度失声痛哭："根本没有办法去操控这些，没有人能给你一个明确的答案，也没人能给你一些你想要听到的建议，真的非常孤独，某种程度上来说，就像是你在做世界上最让人感到孤独的一件事。"

她反思自己婚姻失败的原因，发现其实问题更多地出在自己身上：因为总是过多地把注意力放在对方身上，期待值越高，落差感越大，负面情绪就会超出承受的范围。

后来斯嘉丽养了两条狗，接了更多的工作，把注意力放在其他的人、事、物上，哪怕重新开始一段婚姻，也不至于像从前那样在孤独中迷失自己了。

在任何一段亲密关系中，如果你的另一半并不能时时刻刻注意你所有的感受，安抚你的情绪，当你与他的联结越紧密，你的失落感就会越大，孤独感也会越强。

如果你已经感到孤独并且无所适从的话，一定要去社交，去工作，去建立新的联结，让更多人听你说话，去做更多能实现自己价值的事情，你的孤独也会随之而去。

- **依赖**

有网友说，自己只要一恋爱就会变成"黏人精"，恨不得24小时跟着对方，因为和他保持紧密联系会让自己觉得很幸福，一旦与爱人分离，就会感受到强烈的不安甚至痛苦。

"没有你我活不下去。""我想要……你觉得可以吗？"你是否在亲密关系中常常有这样的想法呢？

这实际上是亲密关系中常见的病态现象——过度依赖。

为什么说是"过度"呢？我们先来看看适度的依赖是什么样的。

心理学家罗伯特·伯恩斯坦说："适度依赖指的是融合了亲密感和自主感，在依靠他人的同时，仍保有强大的自我意识。适度依赖的人在需要时，也会很愿意请求别人的帮助，而不觉得自责。"

换句话来说，适度的依赖是在不失去自我的前提下去依靠另一半，是一种放松而安全的感觉，并不会觉得失去对方是一件天崩地裂的大事，也不会无论大小事都要寻求对方的同意。

过度依赖者害怕被抛弃，害怕失去爱，甚至会反复用一些威胁关系的言行试探另一半，结果往往会加剧一段关系的破裂。

如果你觉得自己是过度依赖者，那么这里有一点非常重要的建议送给你，那就是努力学习和自己相处。

说到底，任何关系都不能成为我们生活的全部，它只是人生的一部分。我们可以对爱心存希望，却不能用爱来逃避孤独，更不能因为爱而失去自我。

• 独立

当然，如果说保持自我是人格的独立，那么我们还需要心理上的独立。

心理独立能力，指的是理智和情感在心理上的分离，以及将自我独立于他人之外的能力。

我有位同事,她在任何一段亲密关系里都能够很好地平衡情感与理智的关系,所以我从来没见过她因为失恋而变得生活一团糟的情况。

我问过她,在亲密关系里保持独立的秘诀是什么,她的答案很简单:识别自己真正的爱情需求。

"我没有安全感。"

一直以来,很多人觉得自己不能独立的原因无外乎这一点。所以在一段恋爱中,你希望只要发信息给他,他就能秒回;只要你不开心了,他第一时间就能找到原因;只要你不舒服了,他就能放下一切奔到你面前。

这些可能是你这次安全感的来源,下一次呢?他永远都能完美按照你的期望去做吗?当然不会,一旦某一次和你的预期不符,你就会没有安全感。

这也就是为什么说清楚自己的情感需求是很重要的一步。

长足的安全感绝不会来自他人的给予,重要的是自己要保持人格和心理的独立。进入一段亲密关系前,先问问自己期望这段感情给自己带来什么?内心真实的需求是什么?如果这段感情失败了,能做到原谅和遗忘吗?

做到这点,你就会少一些失望,多一些快乐,真正体会到亲密关系带给你的应有的快乐,而不是被一段感情牵着鼻子走。

第十二课　构建认知方式的地点是原生家庭

美国著名家庭治疗师萨提亚曾说:"每个人都和他的原生家庭有着千丝万缕的联系,这些联系,会影响他的一生。"

原生家庭,是每个人形成自己认知方式的来源,对我们的成长起着至关重要的作用。

有些人在原生家庭中获得的是来自父母的爱、尊重和独立,那么他们必定得以茁壮地成长;可遗憾的是还有一些人,得到的是恐惧、责任和负罪感,这些人接收到满满的负能量,自身的性格也会存在明显的缺陷。

换句话说,每个人所有的自信、自卑、虚荣、孤僻……溯其根源几乎都能从原生家庭找到蛛丝马迹。

网上曾有一项投票,是"你的原生家庭幸福吗?",有超过四千人选择了否定的答案并表示至今都在其影响下不断挣扎。

这就说明我们对降低或完全摆脱原生家庭对自己负面影响的学习和能力远远不够。

因此,重新定义原生家庭将成为我们改变糟糕现状,走上幸福轨道的关键所在。正如作家东野圭吾所说的:"谁都想生在好人家,可无法选择父母。发给你什么样的牌,你就只能尽量打好它。"

这一课我们就好好来聊一下原生家庭。

我最亲近的人,伤我最深

在心理学上,把原生家庭之伤简单归为身体之伤、言语之伤、性之伤、情感之伤这四种伤害。

虽然前两种不像后两种那样是极端的伤害行为,但不论什么目的,只要是父母做出了某些行为,影响到子女的情绪,或使子女怀疑自我价值,我们都可以称之为"原生家庭之伤"。

"为了我爸妈,我必须选择他们决定的专业,他们说我的梦想不能当饭吃。"

"我爸快把我逼疯了,他整天说我这也不行,那也不好,我身上真的就没一个闪光点吗?说真的我现在特别抵触回家，一想到回到家要面对他的唠叨，我就烦。"

"我小时候经常因为各种各样的事情挨揍，男女混合双打那种，只要我有哪一点做得不对，我爸妈上来就揍我。虽然不能否认他们爱我，但是现在我对待所有人都没有底气，尤其是看到谁突然变了脸色，我就心跳加快，害怕到腿软。"

"我也挨打！而且我爸妈每次打我骂我都说是为了我好，我不明白，难道以后我想对谁好也要打他骂他吗？"

…………

迄今为止，我们收到的众多私信中，很多读者朋友都提到了自己正在经历或者已经经历过的事，像上面几段读起来扎心的话其实是最普遍的描述了，还有很多人提到这样的话：

"有时候我真的宁愿自己不曾出现在这个世界上，我真的很累，对原生家庭的绝望让我想死。"

看到这些努力轻描淡写却依旧充满伤痛的文字，我明白，完美的家庭是个伪命题，几乎每个人在成长过程中都会或多或少承受一些家庭带来的不愉快。哪怕这些事情发生在多年以前，但每个叙述者内心的伤口却从未愈合。

嘴上说着"都过去了",实际上是自欺欺人的自我安慰,凡是关于原生家庭伤害的问题,他们都在下意识地逃避。

然而,越是逃避问题,越是填补不了内心的空洞。以致一辈子都沉浸在原生家庭造成的痛苦之中,甚至无声无息间把自己身上的痛苦又传递给了下一代。

不同父母造就不同类型的孩子

武志红曾在节目中说:"我们谈论原生家庭,第一,是因为它很重要,我们之所以是现在的样子,跟原生家庭的关系太紧密了。第二,我们是在找原因,不是怪罪家庭。第三,我们可以改变。"

原生家庭对人的影响是毋庸置疑的,那么在进一步找到原因并改变之前,我们先要明白父母到底是怎样影响我们的。

基于这一点,我们将原生家庭关系大致分为以下三种类型。

- **不成熟的父母 vs 太成熟的孩子**

什么是父母？

日本心理学家加藤谛三在《长不大的父母》一书中如此解释："为人父母的意思是，你已经成为一个懂得给予他人快乐的人，而不是一味地向对方索取的人。你要做的不是要求孩子为你当牛做马，而是当孩子任性地向你提出要求时，可以尽力满足他们。能够站在这一立场上行事的人，才能胜任父母一职。"

然而现实生活中，有太多人在自己在心理层面上还是个孩子时就结了婚当了父母，突然背上肩头的责任让他们无所适从，本该向孩子提供正向情绪价值的他们，却反过来向孩子索取情绪价值。

比如说有些家庭中，夫妻感情不太和睦，这个时候夹在中间的孩子就成了情绪的"垃圾桶"：

"你看看你爸，整天就知道抽烟喝酒，我的辛苦谁放在心上！"

"你妈每天就会念叨，我出来工作容易吗？"

亲子角色开始颠倒，孩子被迫承担起家庭调解的责任，开始照顾父母的心理感受，表面上看起来是"懂事"，实际上渴望被爱的他们，也希望父母能够给予自己更多的关注。这导致孩子的内心极度脆弱，在与他人的沟通和交流中总是下意识地讨好,如果有一点受挫就会导致对自己、对他人的不认同,也不相信他人的爱。

毕竟连父母的爱都得不到,又怎么会期盼他人的爱呢?

- **操控成瘾的父母 vs 迷茫胆怯的孩子**

"我这么做还不是为了你!"

"你才见过多少人,走过多少路?听我的难道会害了你吗?"

"我是你妈,你不听我的你听谁的!"

…………

如果你经常从父母口中听到这样的话语,那你的父母极有可能属于"操控型父母"。

操控型父母最初的目的是对我们的保护和爱,适度的控制与指导虽然能为孩子的成长保驾护航,但该放手的时候没有放手,这种"适度的控制"就会演变成"过度的控制",孩子从中感受到的不再是爱,而是无助和迷茫。

在这种情况下,即使他们步入社会,遇到问题也无法独立解决,更无法成为合格的伴侣、合格的父母。

• 情绪不稳定的父母 vs 爱发脾气的孩子

不知道你有没有发现,很多父母主张以暴力来教育孩子,只要孩子一犯错,便对孩子非打即骂。

而且有的父母如果在外与他人发生冲突、矛盾,回到家后家庭成员就会成为他们的出气筒。

有网友说自己小时候经常被父亲用皮带没头没脑地抽,仅仅是因为父亲工作不顺心。虽然家里的生活条件好于一般家庭,但只要父亲阴沉着脸回家,他就会开始害怕。

也正因为整个童年时期都生活在恐惧之中,现在的他害怕被伤害,害怕被背叛,无法进入一段亲密关系里。

教育学家斯宾塞曾表示:孩子的自我意识从3岁开始显现,在这个阶段的学习特点最主要的就是模仿,他模仿的对象可能包括父母以及周围其他所有人的言行举止。

所以说,孩子的一举一动正是父母生活的折射,可这恰恰也是我们大多数人忽略的一点。

探寻自己的性格来源

读到这里我们会发现，不同的家庭条件、不同的成长环境造就了不同的性格，同时我们也发现，在不同性格的影响下，原生家庭之伤重蹈覆辙，像家族诅咒一般，代代相传。

但面对原生家庭的问题，我们也并不是束手无策。

心理动力学人格理论认为：强大的内驱力塑造人格并引发行为。也就是说，我们的每一个行为都有一个原因和一个目的，就像我们吃饭是因为感到饥饿并解决饥饿一样。人的性格形成，也可能是因为某种生存需求。

比如童年经历让你变得"敏感"，是因为你感到危险，感到不安而采取某种方式保护自己。

比如被父母过度控制的你，日常生活需要得到更多的帮助，就会变得"脆弱"，以此得到持续不断的支援。

另一位著名的心理学家阿德勒认为：并不存在"心理创伤"一说。阿德勒认为，是我们先有了"不想改变"的念头，所以我们才不去改变，我们可以左右我们自身的行为。

就以那位控制不住自己情绪的网友为例,虽然他一直都知道自己经常情绪失控的原因,但是从未对自己的行为做出实质性的改变。

困住他的枷锁未必就是原生家庭,而是他自己的恐惧。

这也是我们说原生家庭不幸福的孩子,想要在成年后获得幸福的家庭,往往要付出更大努力的原因。

跨越障碍,而不是被障碍阻拦

在了解原生家庭之伤的源头后,你会发现并不能把人生所有的不顺心都归咎于父母。因为原生家庭之伤是时代作用下的产物,大部分父母只是从"受害者"变成了"无心的加害者"。

而你却不同。

既然你已经读到了这本书,就意味着你要做些什么来终止伤害的传承,从"原生家庭的受害者"变成"命运的掌控者"。改变的第一步,不是抱着责问的态度去批判父母，而是跨过创伤的泥潭，审视问题出自哪里，才能避免今后再次跌入。

知乎上有位匿名网友讲过自己的故事，从她记事起，父母就在不停地争吵、打架，而且他们还会把气撒到她身上。这也导致了她有很大的性格缺陷，自卑懦弱、遇事退缩，一度对生活失去希望。但幸好她大学时交到一位朋友，在朋友的陪伴和鼓励下，她认识到了自己性格的缺陷，也终于好好审视自己，明白了自己的需求，把心思放在提升自身上，踏踏实实生活。虽然童年的经历依然不堪回首，但至少她不再被困在痛苦的过去。

当然了，将过去剥离的过程中你可能会愤怒、不甘心、悲伤，觉得对自己太不公平，但请你明白，虽然命运派发给你的原生家庭筹码太烂，但怎么打好自己的牌是由你自己决定的。

因此，只有正视不良家庭的行为模式，才能治愈和预防创伤造成的大部分损失，并且通过这样的做法，重新开始新的人生。

在成长的经历中获得自省的力量

正如上文所说，在直面原生家庭之伤的过程中你要做的是接纳而不是批判，因此接下来的一步就是要学会"自省"。

自省并不是让你把错误归结到自己身上，而是通过自己的经历去对照自己的行为。

比如小时候父母经常对你语言暴力，你就要审查一下自己有没有类似的行为，是不是潜移默化间将伤害带给了其他人。

我们经常接到类似的留言来控诉他们情绪不稳定的父母，老生常谈的故事总是不断地伤害着我们，比如有位读者说自己小时候最讨厌的家庭成员就是爸爸，因为爸爸经常发火，一言不合就摔东西，全家人整天都战战兢兢的。但是直到他长大后才发现，他自己不知什么时候竟然也变成像他爸爸那样易怒、暴躁的人，情绪经常处于失控边缘，周围的人都深受其害，这让他无比焦虑……

其实这是因为儿时的他被迫吸收了父母传递下来的创伤，对生活、对自己的评价都变得偏激，充满负能量。这些负面的认知极大地影响到了我们与人交往的方式,以及对自己行为的判断。

这个时候参照过往反省自己就尤为重要了。

自省的目的同样是为了斩断伤害的轮回,不要重蹈覆辙;同样,面对一些好的行为,要把它们传承下去。

告诉自己:即使无法选择自己的原生家庭,也不能放弃自省和成长。

家庭的正面与负面,都可作为自己生活的教材

如果你已经耐心地读到了这里,那正说明此时此刻的你和刚翻开书的你有了很大的不同。

你正重整旗鼓,以过去为鉴,继续梳理自己的人生故事。

心理学家温尼科特说过:以内心的真实体验为原动力的自我,是我们最诚实的、最精准的自我感悟,它能够带领我们过上最适合自己的生活。

美国作家塔拉·韦斯特弗小时候一直生活在暴力且专制的环境里。父亲不让她上学,哥哥经常殴打她,目睹一切的母亲选择无视与沉默。可以说,塔

拉·韦斯特弗的原生家庭是一把烂到不能再烂的底牌,但是她依然成了哈佛大学的哲学硕士和剑桥大学的历史学博士。

靠的是什么呢?其实就是勇敢地面对,承认和接纳原生家庭之伤,重新塑造自我认知。去学习,去改变,从羞于提及原生家庭到勇敢倾诉过往后,原生家庭就不再是你我的阴影。

发掘内心的爱和能量,与真我重新建立联结,这样,你也能够重新书写自己的人生故事。

新
流
xinliu

简单易懂的情绪管理课

产品经理　于志远　　装帧设计　人马艺术设计·储平
特约编辑　王　静　　责任印制　赵　明　赵　聪
营销经理　肖　瑶　　出版监制　吴高林

图书在版编目（CIP）数据

简单易懂的情绪管理课/终身成长研习社著. -- 贵阳：贵州人民出版社，2023.11
ISBN 978-7-221-17905-0

Ⅰ.①简… Ⅱ.①终… Ⅲ.①情绪—自我控制—通俗读物 Ⅳ.①B842.6-49

中国国家版本馆CIP数据核字(2023)第169673号

JIANDAN YIDONG DE QINGXU GUANLI KE
简单易懂的情绪管理课

终身成长研习社　著

出 版 人	朱文迅
策 划 编 辑	陈继光
责 任 编 辑	潘　媛
装 帧 设 计	人马艺术设计·储平
责 任 印 制	赵　明　赵　聪

出 版 发 行	贵州出版集团　贵州人民出版社
地　　　址	贵阳市观山湖区会展东路SOHO办公区A座
印　　　刷	天津中印联印务有限公司
版　　　次	2023年11月第1版
印　　　次	2023年11月第1次印刷
开　　　本	787毫米×1092毫米　1/32
印　　　张	8
字　　　数	125千字
书　　　号	ISBN 978-7-221-17905-0
定　　　价	39.80元

如发现图书印装质量问题，请与印刷厂联系调换；版权所有，翻版必究；未经许可，不得转载。